Collana Leonardo

Nella stessa collana:

– Silvestrini Vittorio, *Guida alla teoria della relatività*

– Silvestrini Vittorio, *Che cos'è l'entropia*

– Toni Paolo, *Scintille matematiche*

– Monari Paolo (a cura di), *Giochi d'azzardo e probabilità*

– Bernardini Carlo, *Che cos'è una legge fisica*

– Rucker Rudy, *La mente e l'infinito*

Carlo Bernardini

Che cos'è una legge fisica

Dall'esperienza alla teoria senso comune, astrazione e realtà

Editori Riuniti
university press

I edizione in questa collana: settembre 2013

GEI Gruppo editoriale italiano s.r.l.

ISBN 978-88-6473-086-8

www.editoririunitiuniversitypress.it

Illustrazioni di Michele Bernardini

Il presente testo riprende l'edizione del 1983 nella collana
«libri di base» progettata e diretta da Tullio De Mauro

Questo libro è stato stampato su carta
certificata FSC, che unisce fibre riciclate post-consumo
a fibre vergini provenienti da buona gestione
forestale e da fonti controllate

INDICE

INTRODUZIONE ALLA PRESENTE EDIZIONE

Quando questo libriccino uscí nel 1983, or son dunque trent'anni, nel progetto di (dei?) «Libri di Base» di Tullio De Mauro, mi sembrò che non ci fosse in libreria granché di simile a mitigare una certa persistente rigidità della "fisica scolastica". Molti degli insegnanti della scuola secondaria superiore avevano una formazione da matematici, spesso eccellente; ma era la matematica per matematici a fare da padrona, tenendo a bada quei metodi qualitativi, quell'immaginazione, che quasi sempre permettono di "capire" la fisica e non solo di "impararne" le leggi. Il determinismo è una concezione mentale che si camuffa da rigore quando traduce una rappresentazione della natura in una teoria assiomatica; ma ai fisici serve una "fenomenologia" che nasce, appunto, dai fenomeni, dai fatti, tanto piú in quella cosiddetta "fisica moderna" in cui sono gli stessi oggetti elementari a cambiare la semplice natura di dure palline della meccanica classica. Ma poi, cambiano anche le caratteristiche dell'ambiente in cui la fisica svolge la sua funzione interpretativa: lo spazio-tempo, i campi di forza e di radiazione, le simmetrie, l'osservabilità, ecc.

Ebbene, mi sono convinto del fatto che siamo ancora ben lontani dall'insegnare instillando l'indispensabile curiosità per gli oggetti e i fenomeni strani che ci circondano e che imprudentemente classifichiamo come elementari. È per questo che questo "opuscolo" mi appare comunque utile cosí come è, senza ancora sentire il bisogno di aggiornarlo con le ultime novità che, grazie a inquietanti neologismi, invadono la stampa quotidiana con fumosi illusionismi. Non butterò perciò, per ora, nel calderone né gli ormai raffermi buchi neri, né i quark, né la materia oscura, né il bosone di Higgs, né le stringhe piú o meno cosmiche, né gli universi paralleli, ecc.

Immaginazione sí, ma con i piedi per terra; tanto piú che molti illustri colleghi stanno facendo istruttivi sforzi per rendere accessibili le novità piú astruse a chi non ha strumenti tecnici per elaborarne il senso con la necessaria competenza: c'è molto da inventare nel campo della comunicazione. Uno dei segreti per ottenere cambiamenti utili consiste nel ricordarsi che anche le idee hanno una storia e che le idee di oggi giacciono ancora su quelle, ben visibili, di ieri: non come gli ultimi acquisti usurati di un rigattiere antiquario ma con lo smalto necessario per capire il cambiamento. Il '900, specie per la fisica, ha subito una accelerazione di cambiamenti che, di per sé, costituisce un fatto culturale unico: nessuna altra rappresentazione mentale è cambiata cosí rapidamente come quella che ci consente oggi di parlare dell'universo su un intervallo di dimensioni che va dal subnucleare al remoto big-bang. Forse abbiamo scansato molte domande che non siamo riusciti a dominare, come quelle sulla fine del mondo o su ciò che c'era prima che incominciasse: ma non sembra che ci sia poi tanta fretta per rispondere.

Carlo Bernardini

Roma, 20 giugno 2013

1. IL RIASSUNTO DEI DATI

«Io non leggo mai questa sorta di opere», disse il padron di casa quando ebbe tra mano i libri di fisica offertigli dall'abate Nollet.
«Permettete allora, rispose questi, che io le lasci in anticamera. Può darsi che siano lette con profitto dalle persone di spirito che attendono l'onore di parlare con voi» (1745).

È inutile fingere. Per chi si occupa professionalmente di fisica, la gente si divide in tre categorie: gli studenti, i colleghi e quelli che non ne vogliono piú sapere. Quest'ultima categoria, evidentemente, è fatta di persone che forse hanno subíto un trauma: lo deduco dal comportamento di tanti miei conoscenti che, quando mi capita di accennare a qualche problema della fisica, si tappano letteralmente le orecchie. Ebbene, anche se la tentazione di rivolgersi soltanto a studenti parlando di leggi della fisica è molto forte, cercherò di fare tesoro del rifiuto esplicito dei conoscenti perché mi sembra che meriti attenzione.

Incomincio, anzi, con un esempio che ci sarà utile nella sua semplicità. Un giorno, mentre una mia zia cucinava, le ho detto: «Ehi, zia! l'acqua è a cento gradi». Mi ha guardato storto, cosicché ho aggiunto: «Sí, insomma, bolle»; e lei ha borbottato, malevola: «Tu e le tue leggi della fisica». Non ci sarebbe altro da dire. Ma mi è capitato di pensare all'improvviso che molti forse ritengono che la frase «l'acqua bolle a cento gradi centigradi» sia *una legge della fisica*. Non mi sarebbe venuto in mente questo sospetto, se non avessi parlato con un esponente del «rifiuto». Del resto a molti potrà facilmente apparire realistica la seguente scenetta, che rappresenta un esame immaginario nello stile ancora in voga qualche anno fa:

Professore: «A quale temperatura bolle l'acqua al livello del mare?».

Studente: «Mah... mi pare...».

P.: «Dica, dica!».

S.: «A... cento gradi centigradi...».

P.: «Bene. Vedo che lei conosce le leggi della fisica».

In questa scenetta, il somaro è il professore. E perché il professore sarebbe un somaro? Perché il fatto che l'acqua bolle a cento gradi centigradi al livello del mare è semplicemente un *dato* e non una *legge*. In una scuola ideale, né studenti né professori dovrebbero essere tenuti a conoscere a memoria questi dati. Sarebbe molto meglio che sapessero dove sono raccolti. Anzi, che avessero con sé una memoria di carta, un librettino che raccoglie ordinatamente tutti i dati di uso comune.

Intendiamoci, se uno non ricorda a quanti gradi bolle l'acqua al livello del mare c'è da chiedersi dove vive. Perché questo *dato* è anche un luogo comune ed è molto improbabile non averlo mai sentito. Ma, dal punto di vista delle conoscenze scientifiche, vale quanto il dato che il mercurio bolle a 357 gradi centigradi e l'alcol etilico a 78. Sta tutto nel librettino delle tabelle, ne parleremo piú avanti. Comunque, si tratta di dati e non di leggi della fisica.

Tabella 1 **Temperature corrispondenti ai punti di ebollizione di alcuni liquidi** (in gradi centigradi, alla pressione atmosferica)

acqua (H_2O)	100 °C
acido solforico (H_2SO_4)	326
mercurio (Hg)	357
alcol metilico (CH_3OH)	65
alcol etilico (C_2H_5OH)	78
benzene (C_6H_6)	80
nitrobenzene ($C_6H_5NO_2$)	210
tetracloruro di carbonio (CCl_4)	77
etere etilico ($C_2H_5\,_2O$)	35
tricloroetilene (C_2HCl_3)	87
cloroformio ($CHCl_3$)	61

Che i dati da soli non costituiscano conoscenza scientifica è facilmente comprensibile. Ci si può fare sopra anche dell'umorismo, come in questo brano del *Villaggio di Stepàncikovo*, scritto da Fjòdor Dostojevskij (1821-1881) intorno al 1859:

«— Ecco, l'altro giorno viene sull'aia, — prese a dire un altro contadino, alto di statura e segaligno, tutto coperto di toppe, con *làpti* in pessimo stato, uno di quelli, si vedeva, che sono eternamente scontenti di qualche cosa e tengono sempre in serbo qualche parola sarcastica, velenosa. Finora egli s'era nascosto dietro le schiene degli altri contadini, aveva ascoltato in un torvo silenzio e durante tutto quel tempo non aveva scacciato dal suo viso un certo ambiguo, amaro e scaltro risolino. — È venuto sull'aia. "Sapete, dice, quante verste ci sono di qui al sole?". E chi lo sa? Questa scienza non è nostra, ma dei padroni: "No, dice, tu sei un imbecille, uno zotico, non conosci il tuo utile; ma io, dice, sono un *astrolomo*! Io conosco tutti i pianeti di Dio".

— Ebbene, ti ha detto quante verste ci sono di qui al sole? — intervenne lo zio, animandosi a un tratto e ammiccandomi allegramente, come per dire: "Ora guarda un po' quel che capita!".

— Be', disse quante, — rispose di malavoglia il contadino, che non s'aspettava tale domanda.

— Ebbene, quante ha detto, quante precisamente?

— Ma Vostra Grazia lo sa meglio di noi, noi siam gente ignorante.

— Io certo, fratello, lo so, ma tu te ne ricordi?

— Ma saranno tante centinaia, o migliaia, diceva. Ha detto una grossa cifra. Tre carri non basterebbero a portarle.

— Proprio cosí, ricordati, fratellino! E tu pensavi forse che ci fosse una versta, che ci si arrivasse con la mano? No, fratello, la terra, vedi, è come una palla rotonda, comprendi?... — continuò lo zio, disegnando nell'aria con le mani l'immagine di una sfera.

Il contadino sorrise amaramente.

— Sí, come una palla! E sta in aria da sé e gira intorno al sole. Il sole invece sta fermo; ti pare solo che si muova. Vedi che faccenda! E tutto questo fu scoperto dal capitano Cook, un navigatore... Ma lo sa il diavolo, chi sia stato a scoprirlo, — aggiunse a mezza voce, rivolgendosi a me. — Io stesso, fratello, non ne so nulla... E tu sai quanto c'è di qui al sole?

— Lo so, zietto, — risposi, guardando stupito tutta quella scena, — ma ecco quel che penso: l'ignoranza è certo anche una sudiceria, ma d'altro lato,... insegnare ai contadini l'astronomia...

— Proprio, proprio, proprio una sudiceria! — approvò lo zio, entusiasta della mia espressione, che gli era parsa singolarmente felice. — Un alto pensiero! Proprio sudiceria! L'ho sempre detto... cioè, non l'ho mai detto, ma lo sentivo. Udite, — gridò ai contadini, — l'ignoranza è anch'essa una sudiceria, è come la sporcizia! Ed ecco perché Fomà voleva istruirvi. Egli voleva insegnarvi il bene, null'altro. Questo, fratello, è la stessa cosa come servire il governo, merita qualunque promozione. Vedi che faccenda è la scienza! Su, bene, bene, amici miei! Andatevene con Dio, e io sono lieto, lieto... state tranquilli, io non vi lascerò.

— Difendici, padre nostro!

— Non toglierci la luce, *bàtjuška!*

E i contadini si buttarono in ginocchio».

Una volta che abbiamo questi famosi dati sottomano, per poter fare della fisica dobbiamo avere un'idea di come adoperarli. Qualcuno dirà: «Ah, ecco! è qui che arriviamo alle leggi della fisica». Ma non è affatto detto: in molti casi la comprensione del significato dei dati richiede soltanto buon senso e qualche conoscenza matematica piú o meno elementare. Anche se questo comporta, per esempio, l'esecuzione di calcoli, non vuol dire con ciò che si stiano adoperando leggi della fisica. Mi spiegherò con un caso concreto.

Durante la seconda guerra mondiale, i nazisti bombardarono intensamente Londra con le tristemente celebri bombe volanti, le V 1. La zona sud della città fu colpita, in un certo periodo, da 537 di questi ordigni. La cittadinanza, terrorizzata, aveva questa impressione: che certi quartieri fossero particolarmente esposti e che altri, invece, restassero indenni; in altre parole, che le bombe si addensassero su certe aree. Vi erano, infatti, addensamenti di punti di impatto che potevano fare sospettare un piano di puntamento. Immaginate gli spostamenti delle famiglie da un quartiere all'altro! Ora, come riporta R.D. Clarke in un articolo pubblicato nel 1946, le autorità si preoccuparono di verificare se i dati convalidavano o meno questi timori. Fecero dunque l'ipotesi che *non* vi fosse alcun piano di puntamento se non all'ingrosso (Londra) e che, perciò, la pioggia di bombe volanti fosse *uniforme*. Per comodità, divisero l'area interessata in 576 piccole aree di 1/4 di chilometro quadrato ciascuna: sic-

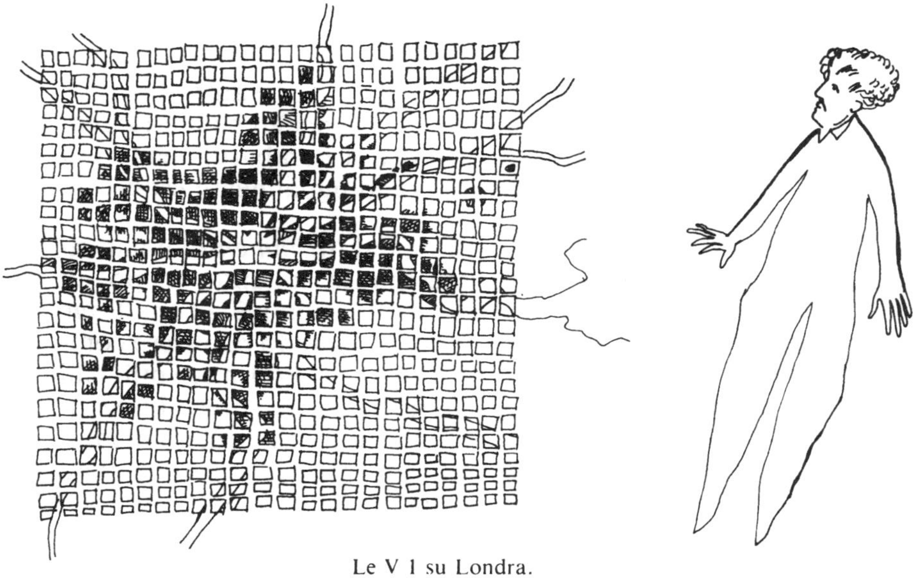

Le V 1 su Londra.

come, in totale, il numero di bombe era di 537, in media ciascuna delle piccole aree avrebbe dovuto ricevere 537/576 = 0,932... bombe. Cioè poco meno di una bomba. Certo, questo modo di fare calcoli può sembrare strano: di bombe, o non ne arriva nessuna, o ne arriva una, o ne arrivano due, o tre, eccetera. Che diavolo è una bomba decimale, ovvero 0,932 bombe? Come vedete, nel maneggiare i dati, saltano subito fuori delle stranezze, di quelle che la gente trova incomprensibili e, sotto sotto, ritiene sciocchezze. Ma questo numero decimale di bombe rappresenta solo il rapporto 537/576 da cui l'abbiamo ricavato e che abbiamo chiamato «numero medio di bombe» per comodità di linguaggio e non perché pretendevamo di attribuirgli un significato in diretto rapporto con i dati rilevati! Infatti, esso serve non già per dichiarare che se non si trovano proprio 0,932 bombe per area il bombardamento non è uniforme (ci mancherebbe!), ma per calcolare la probabilità che, sotto bombardamento uniforme, una certa area *non* sia colpita, oppure sia colpita *una* volta, o sia colpita *due* volte, *tre* volte, eccetera. Il risultato del calcolo fu il seguente: che le aree mai colpite avrebbero dovuto essere 226,74. Ed erano 229. Che quelle colpite una volta avrebbero dovuto essere 211,39. Ed erano 211. Che quelle colpite due volte avrebbero dovuto essere 98,54. Ed erano 93. Colpite tre volte: 30,62. Ed erano

35. Colpite 4 o piú volte: 8,71. Ed erano 8. Le autorità inglesi, incuranti dei decimali e delle piccole differenze certamente non significative, conclusero che il bombardamento era uniforme. Cioè, che i cittadini erano ugualmente esposti in *tutta* la zona.

In questa conclusione, ottenuta dal *trattamento* di dati ricavati dall'osservazione, è intervenuto soltanto un po' di buon senso, rafforzato da un calcolo: non c'è alcuna legge fisica. I dati sono stati rimaneggiati in modo da essere comprensibili al confronto con un'ipotesi e tutto finisce qui. Chi ha il dono di generalizzare dovrebbe trarre subito insegnamenti preziosi da questo esempio: non sosterrà, poniamo, che certi numeri del lotto sono piú probabili perché sono usciti meno frequentemente della media e, quindi, «tocca a loro»...

Non è corretto riferire il risultato di un calcolo senza spiegare come è stato fatto anche se molti si innervosiscono al sentire parlare di calcoli. Come vecchio professore sarei portato a insistere: suvvia! un piccolo sforzo! Ma devo ammettere che non è essenziale. Perciò, chi vuole, può benissimo saltare questa parte.

Per calcolare quante piccole aree, verosimilmente, *non* saranno mai colpite, ragioniamo cosí: fissiamo la nostra attenzione su una qualsiasi delle aree, *una* delle 576. E ora, supponiamo che stia arrivando *una* bomba, la prima che colpirà la zona: cioè, è sicuro che quella bomba finirà su una delle aree della zona, ma non è detto che finisca su quella che abbiamo preso in considerazione. Ci sono allora 576 possibilità equivalenti di impatto, di cui 1 che interessa la nostra area e 575 le altre aree. La probabilità che la nostra area si salvi è determinata dalla probabilità che sia colpita una delle 575 altre aree: 575 casi contro 1! In totale, i casi possibili sono 576, di cui 575 favorevoli alla nostra area; la probabilità che si salvi è grande, $575/576 = 0{,}99826...$ o, se preferite, 99,826% (arrotondando, ma basta e avanza per la precisione richiesta).

Quando arriva la seconda bomba, si ricomincia daccapo: il fatto che la nostra area sia indenne o sia stata già colpita non influisce minimamente sul nuovo esito. Cioè, le due probabilità sono indipendenti! Ma se è cosí (nell'ipotesi che i nazisti non sapessero puntare), la probabilità che la nostra area non sia colpita *né* dalla prima *né* dalla seconda bomba volante è il prodotto delle due probabilità: $0{,}99826 \times 0{,}99826 = 0{,}99652$. È diminuita, sia pure di poco. Ma di bombe ne arrivano sulla zona ben 537; e a ogni bomba dobbiamo continuare a moltiplicare per 0,99826, per 537 volte, se vogliamo calcolare la probabilità che la nostra area non venga *mai* colpita. Moltiplica che ti moltiplico (ma un calcolatore tascabile anche di poco prezzo, purché scientifico, ha un tasto che permette di fare questa operazione in un attimo; è generalmente il tasto indicato con y^x, dove y sta per 0,99826 e x per 537 nel nostro caso) otteniamo 0,39251: questa è la probabilità che quell'area si salvi.

Ma una probabilità è anche una percentuale di casi in cui succede una certa cosa: questo è senso comune, di quelli che poi vengono incattiviti e resi oscuri dalle definizioni solenni dei trattati. Dunque, delle 576 aree è verosimile che $0{,}39251 \times 576$, cioè circa 226, non siano colpite da alcuna delle 537 bombe.

Andiamo avanti piú speditamente: adesso, vediamo qual è la probabilità che la nostra area sia colpita *una sola volta*. C'è una possibilità su 576 che una delle bombe, arrivando, colpisca quell'area; cioè, la probabilità è, per ciascuna bomba, $1/576 = 0{,}001736\ldots$, un numero piuttosto piccolo. A noi interessa il caso in cui una sola bomba va a segno: tutte le altre (in totale 536, cioè 537 meno una) devono andare altrove. La probabilità che la nostra area *non* sia colpita per 536 volte si calcola come abbiamo già visto, moltiplicando tra loro 536 fattori ciascuno dei quali vale 0,99826: e fa 0,39319, un numero appena appena piú grande di quello corrispondente a 537 cilecche. Perciò la probabilità che la nostra area sia colpita da quella particolare bomba e da nessuna delle altre è il prodotto $0{,}001736 \times 0{,}39319 = 0{,}0006825$. Ma quale particolare bomba? Ce ne sono 537 tra cui scegliere! La prima? la seconda? la centotrentaduesima? Quale sia non ci interessa: *una*, ma una qualsiasi. Perciò ci sono ben 537 modi, tanti quante sono le bombe, di realizzare il caso che stiamo studiando, e ciascuno ha la stessa piccolissima probabilità 0,0006825; che, però, moltiplicata per 537 ci dà la probabilità che, non *una particolare* bomba ma *una qualsiasi* (purché una sola) colpisca la nostra area. E questo fa, con una semplice moltiplicazione, $0{,}0006825 \times 537 = 0{,}36650$. La probabilità di non essere mai colpiti e quella di essere colpiti una sola volta sono confrontabili! Dite la verità, questo risultato non è proprio scontato e banale: l'avreste detto a occhio? Quante aree saranno, verosimilmente, colpite una sola volta? Basta, nuovamente, moltiplicare il numero di aree in cui è divisa la zona (576) per la probabilità (0,36650, cioè 36,650% di casi) per ottenere circa 211.

Dico solo telegraficamente come si continua: qual è la probabilità che una certa area sia colpita proprio da due bombe? Dunque: la probabilità che una particolare coppia di bombe (facciamo, la dodicesima e la trecentoventiduesima) finisca lí vale $(1/576) \times (1/576)$, un numero arcipiccolo che non scrivo nemmeno. Diventa ancora piú piccolo se lo moltiplichiamo 535 volte (cioè 537 meno due) per 0,99826: tutte le altre bombe finiscono altrove. Ma quante sono le coppie distinte che possiamo formare con 537 bombe? Guardate: con due bombe (o ciliegie, o persone, o quello che vi piace) si fa una sola coppia. Con tre, supponiamo che si chiamino A, B e C, se ne fanno tre: AB, AC e BC. Con quattro, se ne fanno sei: A, B, C, D si possono accoppiare cosí: AB, AC, AD, BC, BD, CD. Con cinque, fate da voi la prova e verificate che sono $5 \times (5-1)/2 = 5 \times 4/2 = 5 \times 2 = 10$. Con 537, non vi chiederò di fare la prova: sono $537 \times (537-1)/2 = 143.916$. A questo punto, moltiplicando la probabilità (che una particolare coppia sia la sola a colpire la nostra area) per il numero di coppie possibili (tanto non ci importa nulla che la coppia sia proprio quella e non un'altra) otteniamo 0,17085. Mica tanto piccolo, questo numero! Le aree che saranno verosimilmente colpite da due bombe sono ben $0{,}17085 \times 576 = 98{,}4$ (circa 98, diciamo).

Tre bombe? Eh, no! Mi fermo qui. Se avete imparato il trucco, conti-

Il signor Bortkewitch prende nota
dei calci di cavallo.

nuerete da soli. Ancora una cosa: per sapere quante aree saranno verosimilmente colpite da *piú di due* bombe (e cioè da tre o da quattro o persino da tutte e 537) non c'è bisogno di arrovellarsi: lo avete già calcolato! perché, se 226 restano indenni, 211 ne ricevono solo una, 98 ne ricevono due, le rimanenti 576—226—211—98 = 41 ne ricevono *almeno* tre. Sono quelle che i londinesi ritenevano prese di mira.

Tutto questo vi potrà sembrare una divagazione: direte, che cosa c'entra con le leggi della fisica? Ma seguitemi ancora un momento. Questi calcoletti si applicano a una straordinaria varietà di casi. Per esempio, alla conta degli individui in una certa area di una colonia di batteri o di funghi, importante per la ricerca biologica. Un certo signor Bortkewitch usò i registri di 10 corpi d'armata (cavalleggeri) per calcolare le morti accidentali da calcio di cavallo in un anno.

Ma vediamo un caso piú pertinente. I fisici Ernest Rutherford (1871-1937), James Chadwick (1891-1974) e il loro collaboratore Ellis usarono questi metodi, nel 1920, per analizzare i dati di cui disponevano sulle sostanze radioattive. Avrete certamente sentito dire che alcune sostanze, come il radio o l'uranio, cambiano lentamente natura nel tempo perché, di tanto in tanto, uno dei loro atomi si disintegra, cioè si rompe, si spezza. Diventa, per esempio, piombo, dopo avere sputato una radiazione che segnala l'avvenuta disintegrazione. I tre fisici inglesi si chiedevano: quali sono le

Il laboratorio di lord Rutherford.

modalità generali secondo cui avvengono queste disintegrazioni? Si misero perciò a contare le radiazioni emesse da una sostanza radioattiva usando questo procedimento: divisero il tempo di osservazione in 2.608 intervalli di 7,5 secondi ciascuno. Poi contarono il numero di intervalli in cui nessun atomo si era disintegrato, quello in cui era avvenuta una sola disintegrazione, quello in cui ne erano avvenute due, poi tre, poi quattro e cosí via. Proprio come nel problema delle bombe volanti su Londra: gli intervalli di tempo stanno al posto delle aree, le disintegrazioni stanno al posto degli scoppi! Naturalmente, i numeri, cioè i dati, sono tutti diversi, ma questo è ovvio: ogni fatto ha i suoi dati. In questo caso, furono osservate in tutto 10.094 disintegrazioni, cioè 3,87 = 10.094/2.608 in media per intervallo (il solito decimale che, spero, non impressiona piú). Rutherford, Chadwick ed Ellis confrontarono i risultati dell'esperimento con l'ipotesi che le disintegrazioni avvenissero a caso. Per meglio dire, con una probabilità indipendente dal tempo, dal numero di atomi già disintegrati e, possiamo aggiungere oggi, dal fatto che il campione fosse solido o liquido, dal fatto che fosse freddo o caldo, che fosse nel vuoto o sotto pressione, che fosse puro o mescolato con altra roba. Insomma, tutto avviene come se ciascun atomo radioattivo fosse il solo oggetto esistente al mondo, incurante di tutto ciò che lo circonda, e decidesse di disintegrarsi secondo un criterio puramente statistico. Guardate che per noi uomini non è cosí: le morti non sono distribuite statisticamente negli intervalli di età! E la probabilità di morire a una certa età dipende da un sacco di fattori, uno dei quali, l'invecchiamento, vi dice senz'altro qualcosa. Invece gli atomi radioattivi sono tutti identici: né giovani né vecchi; e non possono morire d'incidente o di malattia, perché nulla li influenza.

Questa è una legge fisica. Stavolta ci siamo. Ed è anche piuttosto generale: cioè si riferisce alle modalità di disintegrazione di tutti i tipi di sostanze radioattive. Questa legge, che possiamo esprimere a parole senza scrivere nemmeno una formula, riassume una proprietà importante del fenomeno fisico della disintegrazione: «La probabilità che un atomo radioattivo si disintegri in un certo intervallo di tempo è proporzionale alla durata di quell'intervallo e non dipende da alcuna altra circostanza macroscopica». *Macroscopico* vuol dire "dal punto di vista piú grande", che include l'ambiente intorno a quell'atomo.

Questa legge, che a prima vista può sembrare ben poco eccitante, va apprezzata anche nel clima del suo tempo: a quell'epoca, la fisica era tutta intenta a calcolare cose certe. L'idea che un fenomeno fosse per natura sua governato dalle leggi del caso, come il gioco di testa e croce o il lancio dei dadi, faceva non poca sensazione. Ma come? Ci dovremmo dichiarare forse incapaci di calcolare in quale istante si disintegrerà quell'atomo di radio che sta nella milionesima fila in alto a sinistra del nostro prezioso campione?

Ma che razza di legge è? E perché questa è una legge fisica e invece il risultato del calcolo sulle bombe volanti non porta a niente di simile?

Le leggi fisiche sono di tipo estremamente vario. Come vedremo, non è nemmeno il caso di chiamarle tutte con lo stesso nome: ci sono leggi, ma anche princípi, teoremi, regole, formule, criteri e qualche altra possibilità che certamente mi sfugge. È quello di cui qui vi voglio parlare. Ma non è cosí semplice. Per esempio, nel caso dei fenomeni radioattivi dovremmo dire di avere trovato una legge empirica, cioè ricavata da un certo numero di esperimenti rappresentativi e riproducibili (questo è molto importante!): questa classifica-

Un uso sciocco dei dati

Fino a qualche tempo fa, era di moda leggere informazioni misteriose nei monumenti archeologici. Un inglese, Charles Piazzi Smith, si era dato da fare per rilevare coincidenze numeriche inquietanti nella grande piramide di Cheope che, secondo lui, celava nelle sue proporzioni il segreto di nostri sapientissimi antenati o, addirittura, di visitatori spaziali. Ma questa è una sciocca manipolazione dei dati, sempre possibile, ben diversa da quell'uso scientifico di cui stiamo parlando.

Il francese Jean-Pierre Adam si è divertito ad applicare il metodo (si fa per dire) Piazzi Smith al chiosco di un venditore di biglietti della lotteria. Ne ha ricavato le seguenti «rivelazioni cosmiche»:

1. La larghezza del ripiano è di 149 mm, *esattamente* un centomiliardesimo della distanza terra-Sole.

2. L'altezza posteriore divisa per la larghezza della finestra fa

$$176/56 = 22/7 = 3{,}142 = \pi$$

3. Altezza anteriore = 1,90 m cioè 19 decimetri. 19 è *esattamente* il numero di anni del ciclo lunare greco o ciclo di Metone.

4. La somma delle altezze dei due spigoli anteriori e dei due posteriori fa 190 + 190 + 176 + 176 = 732, che è la data della vittoria di Carlo Martello sui saraceni a Poitiers.

5. Lo spessore del ripiano è di 3,10 cm; la larghezza della cornice è di 8,8 cm. Sostituendo alle cifre delle unità la lettera presa nell'alfabeto secondo il numero del posto avremo: 3 = C e 8 = H. Riscrivendo i due numeri affiancati si ottiene $C_{10}H_8$ che è la formula chimica della naftalina.

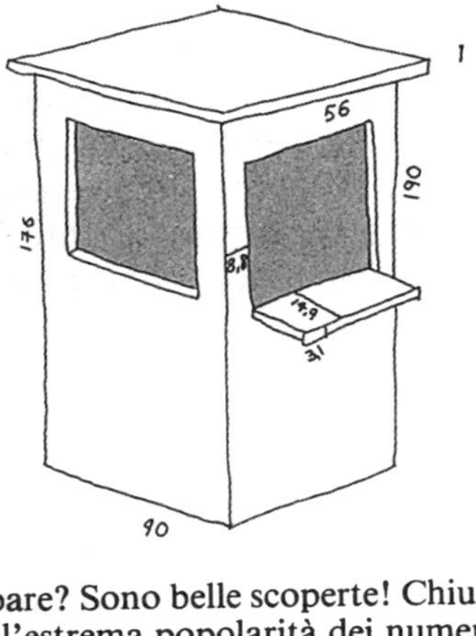

La garitta cosmica e le sue magiche dimensioni.

Che ve ne pare? Sono belle scoperte! Chiunque ne può fare con facilità usando l'estrema popolarità dei numeri con poche cifre (diciamo sino a tre), cui corrisponde sempre *qualcosa* di conosciuto. Naturalmente, se ha voglia di perdere il suo tempo in stupidaggini…

zione sarebbe filosoficamente soddisfacente per tutti, tranne, ovviamente, i conoscenti riluttanti che, a questo punto, mi hanno abbandonato. Ma possiamo anche avere un'idea piú coraggiosa, anzi ve ne ho già parlato: possiamo sostenere che l'istante preciso di disintegrazione di un atomo non è, per sua natura, calcolabile; cioè, è intrinsecamente casuale (a caso). E che quindi è inutile ragionare con i metodi della fisica classica, che pretendeva di calcolare esattamente tutto: è proprio la teoria che è diversa e questa legge, nata come legge empirica, diventa uno dei *princípi* della nuova teoria. Questo è un salto colossale!

La differenza dal caso delle bombe volanti o dell'armata a cavallo di Bortkewitch dovrebbe essere evidente: la radioattività è un fenomeno naturale che si produce indipendentemente dalla nostra volontà. Certo, noi possiamo produrre sostanze radioattive artificiali, ma il fenomeno avviene con le sue modalità anche in esse. Invece le bombe o i calci dei cavalli non sono fenomeni naturali e non hanno nessuna generalità. Ancora piú generale, come abbiamo visto, è semmai il metodo di calcolo: ma questo è un punto dolente, perché anche l'avversione e l'antipatia per i calcoli sono generalissime. Peccato.

Andiamo avanti con un po' piú di ordine: atomi radioattivi e bombe erano esempi introduttivi e ritorneranno solo occasionalmente nel discorso. Ma, prima di chiudere con questi esempi, voglio giustificarmi per averli scelti cosí bizzarri: perché, qualcuno si chiederà, non incominciare con la caduta dei corpi pesanti, o il moto dei pianeti o qualche caso piú familiare? Un motivo c'è, ed è che ho preferito ricorrere a casi in cui i dati di partenza sono numeri interi e il calcolare non è altro che fare dell'aritmetica, magari un po' sofisticata ma, comunque, aritmetica. I casi piú celebri (sassi, pianeti) devono essere descritti mediante dati che specificano posizioni, velocità, accelerazioni a vari istanti: si va con continuità da un istante all'altro, le leggi che si arriva a enunciare devono dire proprio come le cose cambiano, con continuità, tra due istanti consecutivi. E questo è molto piú difficile.

Per i fisici, all'inizio del secolo, era esattamente il contrario. All'idea stessa di atomo, storcevano il naso. Ecco cosa dice un protagonista, Otto Frisch, nel suo libro *La mia vita con l'atomo* (Roma, Editori Riuniti, 1981):

«[...] credo ci fosse un blocco psicologico, basato su dei privilegi acquisiti. Il calcolo differenziale, la nuova matematica inventata indipendentemente da Newton e da Leibniz, era stato grandemente sviluppato e raffinato. Questo calcolo ci consentiva di trattare, non cose che potessero essere contate (come pecore o denari, il compito dell'aritmetica) o misurate (geometria o algebra), ma cose che cambiano gradualmente: dal moto dei pianeti che cambiano continuamente direzione girando intorno al Sole, al piegarsi di una trave quando è caricata. I fisici si rallegravano della loro crescente abilità di risolvere problemi piuttosto artificiali quali le vibrazioni di una piastra di metallo elastica di forma, diciamo, ellittica o rettangolare. Se questa piastra fosse stata un insieme di innumerevoli milioni di atomi si sarebbero dovuti sviluppare dei nuovi metodi matematici, piú complessi e meno eleganti. Perché andare in cerca di guai?».

Ma i metodi matematici della fisica tradizionale non sono affatto defunti: in qualche modo dovremo affrontarli, sia pure nelle loro forme piú semplici.

Occupiamoci adesso di un altro problema, per capire bene che cosa è una legge e che cosa non lo è.

Il peso è una nozione comune. Tutti sanno che cos'è un kilogrammo (nel linguaggio quotidiano: un kilo, o un chilo). Due chili sono il doppio di un chilo. Se una sbarra di metallo di una certa sezione e lunghezza pesa un chilo, una sbarra dello stesso metallo, della stessa sezione e di lunghezza doppia pesa due chili. Potremmo dire, sbrigativamente, che il peso delle sbarre è proporzionale alla loro lunghezza. Ma non per niente mi sono preoccupato di ricordare sopra che confrontiamo i pesi di sbarre dello stesso metallo e della stessa sezione. Infatti potrei rompere la doppia sbarra in due pezzi uguali e dire adesso: due sbarre uguali pesano il doppio di una. Che banalità! Ed è ovvio che potrei fare a pezzi le sbarre come mi piace: la *totalità* dei pezzi non cambierebbe di peso. La legge fisica potrebbe anche essere questa: l'operazione di rompere un oggetto non ne cambia il peso. Guardate che questa legge non sarebbe da disprezzare completamente; certo, non sembra interessante. Invece possiamo enunciarne un'altra che, in fondo, contiene anche questa. Chiediamoci: che cos'è che non cambia, *oltre* il peso, quando facciamo a pezzi un materiale omogeneo? Beh, non cambia il volume totale dei pezzi. Se cambiamo il volume, cambia anche il peso: aggiungendo un pezzo di sbarra sulla bilancia cambiano peso e volume della roba pesata. Insomma, il peso, a parità di materiale, è *proporzionale* al volume.

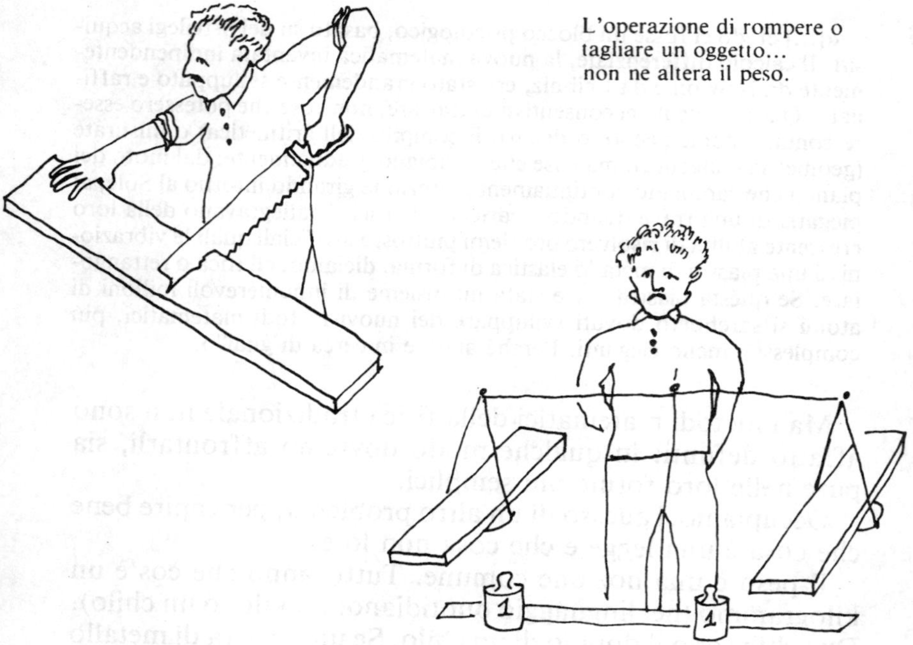

L'operazione di rompere o tagliare un oggetto... non ne altera il peso.

Ovvio anche questo, ma un po' meno. Da quando lo capiamo in poi, non ci passa nemmeno per la mente di verificare se, per caso, il peso dei corpi che stiamo esaminando dipende un po' dal volume e un po' dalla superficie: eppure sarebbe facile da fare, perché è facile costruire oggetti della stessa materia che abbiano ugual volume e superficie diversa (sbarre, cubi, sfere, coni, eccetera).

A questo punto dividiamo il peso per il volume; chiamiamo questo rapporto 'peso specifico'; e poi diciamo che per ogni materiale omogeneo (cioè senza buchi, crepe o grumi di altra roba) il peso specifico è una costante, cioè non dipende dal volume e ha un valore che è caratteristico di quel materiale. Guardate la tabella 2: c'è tutto un elenco di pesi specifici dei materiali piú comuni. Ci sono solidi e liquidi. L'acqua, per esempio. Supponete di dover usare mezzo litro di acqua per impastare la farina per una pizza; dov'è il misurino? Il misurino non si trova, qualcuno lo ha lasciato fuori posto. Ma c'è la bilancia. Be', va bene anche la bilancia: mezzo litro di acqua pesa mezzo chilo! perché il peso specifico dell'acqua è di 1 chilogrammo per litro, o, se vogliamo,

di un grammo per centimetro cubico; o di una tonnellata per metro cubo.

Riassumendo: senza parere abbiamo formalizzato, cioè espresso mediante formule, tanti fatti comuni. Uso la parola

Tabella 2 **Pesi specifici** (grammi/centimetri cubici)

metalli		**non metalli**		**liquidi**	
alluminio	2,69	bakelite, ebanite	1,3	acetone	0,79
ferro	7,86	cemento secco	2,3	acqua	1,00
argento	10,50	marmo	2,7	alcol etilico	0,79
mercurio	13,55	mattoni	1,8	benzolo	0,88
nichel	8,90	mica	2,8	glicerina	1,24
oro	19,3	plexiglas	1,18	olio di oliva	0,91
piombo	11,34	porcellana	2,4		
platino	21,37	legno	0,5-0,7		
rame	8,93				
stagno	7,31				
zinco	7,14				
acciaio inoss.	7,75				
lega Invar	8,0				

Il peso non dipende dalla forma.

formula anche se non scrivo espressioni simboliche con il linguaggio della matematica: le formule sono frasi riassuntive, sintetiche, che molto spesso si possono dire anche utilizzando il linguaggio di tutti i giorni. Nel nostro caso, sarebbe: «il peso, a parità di materiale, è proporzionale al volume». Oppure: «il rapporto tra peso e volume, a parità di materiale, è una costante»; 'costante' vuol dire che non dipende dalle 'variabili', in questo caso il volume, *oppure* il peso. Perché metto in corsivo *oppure*? Perché di variabili indipendenti ce n'è una sola, e la formula provvede, appunto, a mettere in un rapporto di dipendenza con quella prescelta l'altra variabile. Se diciamo che il peso è proporzionale al volume abbiamo scelto il volume come variabile indipendente, che quindi possiamo fissare a piacimento, arbitrariamente. Ma potremmo dire benissimo che il volume è proporzionale al peso: i due modi di formulare la legge sono equivalenti, senonché in questa seconda formulazione la variabile indipendente s'intende che sia il peso.

Quanta pignoleria! Il fatto è che in questo caso tutto è talmente banale da apparire perfino superfluo. Ma su esempi piú complicati che vedremo tra poco non sarà affatto cosí. Continuando a pignoleggiare, se chiamiamo P il peso e V il volume, potremo abbreviare la formula scrivendo: $P/V =$ costante. La parola *costante* è anch'essa troppo lunga per una espressione simbolica. Se l'uso di questa costante è comune, conviene darle un nome e un simbolo. Il nome lo abbiamo già adoperato: peso specifico. Per il simbolo, seguendo la tradizione, adotteremo p_S. Dunque:

$$P/V = p_S \qquad \text{oppure} \qquad P = p_S V$$

Usando, piú o meno consciamente, questa formula, si può decidere se un oggetto è veramente d'oro come sembra: il suo peso specifico dovrà essere di 19,3 grammi per centimetro cubico. Se fosse di metallo dorato, per esempio argento, sarebbe di 10,5 grammi per centimetro cubico. Un'ultima parola: dove è nascosta la legge nella formula? È nascosta nel fatto che p_S non dipende da V, non dobbiamo dimenticarcelo. Se non fosse stato cosí, avremmo scritto, al posto di p_S, una cosa un po' piú complicata: p_S (V); e avremmo detto che p_S è funzione di V. Ma, in quel caso, la definizione di peso specifico non sarebbe stata cosí utile.

Ecco che ho buttato lí una frase di aspetto innocuo, che invece è gravida di abitudini o, addirittura, di tradizioni: una costante è piú *utile* di una funzione! Di che diavolo di utilità si tratta? Vi propongo di confrontare allora, da questo punto di vista, due formule molto diverse. La prima la scrivo come una grande verità, perché certamente lo è: «tutto è funzione di tutto», cioè tutte le grandezze fisiche dipendono, in linea di principio, dal valore di tutte le altre. Questa formula non è mai sbagliata, perché, se facessimo misure infinitamente precise, certamente scopriremmo che il peso specifico dell'oro dipende dalla posizione della Luna all'istante della misura, tanto per fare un esempio di dipendenza bizzarra. Però, questa grande verità è assolutamente inutile. Se dovessimo tenerne conto, come ci viene suggerito da qualche filosofo molto esperto in verità assolute, addio scienze naturali! Perché le scienze naturali si preoccupano proprio di contrastare questa inutile verità con l'altra, piú utile: «tutto dipende cosí poco da quasi tutto il resto, che la legge piú comune esprime la costanza di qualcosa, di opportunamente scelto, anche rispetto alle sole variabili significative». Insomma, accantonando il miraggio delle misure infinitamente precise, il peso specifico non dipende nemmeno dalla variabile V, volume, che pure è significativa per il nostro problema. E della Luna o di altre variabili non si parla neppure...

Ma vediamo di passare a un caso piú sostanzioso. E perciò, inevitabilmente, piú complicato.

2. PICCOLE E GRANDI LEGGI

«...credo sarà bene aggiungere qualcosa concernente in particolare la maniera di filosofare usata, e in quale modo essa differisca da quelle di Descartes e di altri... Non solo vorrei asserire questo, ma vorrei renderlo evidente con una breve deduzione del principio di gravità dai fenomeni della natura in un modo popolare, tale che possa essere capito anche dai lettori normali, e possa allo stesso tempo servire loro come campione del metodo dell'intero libro».
(da una lettera di R. Cotes a I. Newton, 1712)

Johannes Kepler, che gli italiani chiamano sovente Giovanni Keplero, è un contemporaneo di Galileo Galilei: è nato il 27 dicembre 1571 a Weil nel Württemberg ed è morto nel 1630, il 15 di novembre, a Regensburg (Ratisbona). È considerato il fondatore dell'astronomia moderna, il padre della dinamica degli astri. Non ebbe vita facile: era nato di sette mesi ed era stato un bambino delicato; aveva avuto il vaiolo all'età di quattro anni, rischiando la cecità e restando comunque di vista debole (un guaio, per un astronomo). Il padre si era arruolato per combattere le guerre olandesi, e la madre lo aveva seguíto nei Paesi Bassi: perciò Johannes e suo fratello avevano trascorso l'infanzia con i nonni. Ma, per andare a scuola, aveva dovuto attendere il ritorno dei suoi genitori.

È importantissimo rendersi conto dei pregiudizi dell'epoca, che noi italiani conosciamo meglio attraverso le vicende di Galilei. Dunque, la dottrina corrente in campo astronomico era quella detta 'geocentrica', perché metteva la Terra al centro dell'Universo. Questa dottrina era anche detta 'tolemaica' perché stava alla base del piú diffuso trattato dell'epoca, l'*Almagesto* di Claudio Tolomeo. *Almagesto* deriva da un titolo greco riadattato all'arabo e vuol dire "grande sintesi". Il libro era stato scritto da Tolomeo, un astronomo, ad Alessandria d'Egitto verso la metà del secondo secolo dopo Cristo. Ma la teoria geocentrica non costituiva, forse, il pregiudizio piú importante: ve ne era un altro, molto piú incisivo. Si riteneva, infatti, che i corpi celesti (cioè la Luna, il Sole, i pianeti e le stelle, quelli che in una parola chiamiamo astri) fossero soggetti a leggi diverse da quelle proprie dei fenomeni terrestri. Per dare una idea dell'effetto di una tale concezione basterà forse ricordare l'attività astrologica, cioè l'attività concernente l'influenza degli astri sulle vicende umane: in parole povere, gli oroscopi, che ancora oggi vengono praticati con profitto materiale da tanti dispensatori di suggestioni.

È chiaro che se le leggi che regolano il moto degli astri sono arcane e misteriose allora tutto è possibile, anche che esse regolino la mia fortuna o sfortuna; e cosí quella di tutti gli altri uomini. Kepler non rifiutava questo punto di vista ma, giacché c'era, cercava di rafforzarlo identificando bene quelle regolarità che avrebbero meglio messo in luce l'ordine della creazione divina.

Aveva però avuto come maestro un certo Michael Maestlin, il quale gli aveva insegnato privatamente (per non cacciarsi nei guai) la dottrina eliocentrica o copernicana. *Eliocentrico* vuol dire che mette al centro il Sole invece della Terra; *copernicano* viene da Mikolaj Kopernik, che gli italiani chiamano Niccolò Copernico, un astronomo polacco proveniente da una famiglia di agiati commercianti di Cracovia, vissuto tra il 1473 e il 1543. Copernico aveva rimesso a nuovo la teoria eliocentrica, che già era stata formulata da Aristarco di Samo, un altro astronomo vissuto ad Alessandria tra il 310 e il 230 avanti Cristo, quindi circa 400 anni prima di Claudio Tolomeo. Per Aristarco e poi per Copernico, la descrizione dei movimenti degli astri era molto piú semplice e naturale mettendo il Sole al centro del sistema. A questa semplicità, un requisito importante della regolarità e dell'ordine, Kepler aveva creduto sin da giovane, grazie agli insegnamenti di Maestlin.

C'era a quel tempo in Praga, alla corte dell'imperatore Rodolfo II, un grande scienziato, impegnato nella misura accurata delle posizioni degli astri con i migliori strumenti dell'epoca (niente cannocchiali e telescopi, ancora!): il suo nome era Tycho Brahe, danese, nato nel 1546, astronomo e, naturalmente, astrologo. Tycho fece appena a tempo a chiamare presso di sé Kepler, nel 1600; nel 1601 morí. Kepler prese il suo posto, ereditando una enorme massa di dati, quei dati che, come abbiamo visto, costituiscono il primo importantissimo passo per ragionare e costruire leggi fisiche. Ebbe dunque una bella fortuna, risparmiandosi il fastidio di seguire pazientemente nelle notti limpide, cosí rare al Nord, i piccoli punti luminosi che costellano il cielo. Noi, che veniamo quasi 500 anni dopo, abbiamo perso l'abitudine di guardarli e forse non ci rendiamo conto della pazienza necessaria per costruire una traiettoria accurata nel cielo. È vero che le luci delle città sporcano ormai la bellezza della notte stellata e ci impediscono di vedere questo spettacolo

L'osservatorio di Tycho Brahe a Uranieborg.

meraviglioso; ma è anche vero che questo non è piú uno spettacolo previsto dai nostri programmi, benché gratuito (a parte lo spostamento in campagna). Ecco come uno scrittore nostro contemporaneo ricostruisce lo spirito che animava Tycho, basandosi sui documenti dell'epoca:

«Tycho ebbe grande passione per la scienza fin dall'infanzia. Trascurò i suoi studi di giurisprudenza, spese i suoi denari nell'acquisto di strumenti, e passò le sue notti ad osservare le costellazioni. Ebbe la sua piú affascinante esperienza quando, nel 1563, allorché era studente a Lipsia, fu testimonio della congiunzione di Giove con Saturno. Tycho espresse il suo credo scientifico della gioia e della bellezza del mondo nel suo primo libro, *De Nova Stella*, pubblicato nel 1573: "Desidero vedere ciò che vi è di bello in questo ampio mondo, ciò che è stato ovunque inventato dall'industriosità umana, ed imparare i costumi di ogni genere di gente. La foga della gioventú ed un innato desiderio mi comandano di vedere molto di piú e di imparare molto a proposito delle gloriose arti...".

«La vista di una nuova stella molto brillante nella costellazione di Cassiopea la notte dell'11 novembre 1572, eccitò tremendamente Tycho. Egli fermava ogni individuo nelle strade del villaggio di Herrevad — "La vedi? Che te ne pare?" — mentre tremava tutto per l'eccitazione; quindi scappava a prendere il sestante per effettuare le misure di localizzazione della stella, e finalmente si affrettava dallo zio come se dovesse annunciare l'arrivo di una bella fidanzata da un altro paese. Egli guardò a quella stella per diciassette mesi, ci dice il suo biografo, "come un amante farebbe con la sua amata".

«Sin dai primissimi anni, l'esclusivistica dedizione di Tycho alla scienza lo portò di città in città, di paese in paese. I suoi strumenti erano costruiti in modo da poter essere trasportati facilmente in posti diversi. "Perché un astronomo deve essere cosmopolita", diceva Tycho, giacché pochi uomini di Stato incoraggiano gli studi, e quindi l'astronomo deve recarsi là dove la sua scienza trova il miglior benvenuto» (da Lewis S. Feuer, *L'intellettuale scientifico*, Bologna, Zanichelli, 1969).

Dunque, non si trattava soltanto di pazienza, ma anche di entusiasmo e di convinzioni profonde. Ma veniamo a Kepler e alla sua utilizzazione dei dati di Tycho. Non descriverò le complesse vicende che portarono Kepler alla formulazione di leggi, cioè di sintesi in formule di quei dati che avevano richiesto tanto lavoro: queste leggi, tutt'altro che banali, sono già contenute nelle tabelle delle osservazioni di Tycho, nei numeri ordinati che egli aveva raccolto. Ma, lí, sono nascoste, invisibili: Kepler le ha tirate fuori in modo che siano immediatamente utili.

Le regolarità che si possono rintracciare nei dati che riguardano il moto dei pianeti sono tre. Oggi le chiamiamo prima, seconda e terza legge di Kepler. Le illustreremo una dopo l'altra, cercando di precisare il significato dei termini.

Prima legge di Kepler. I pianeti descrivono orbite di forma ellittica attorno al Sole. Il Sole sta in uno dei fuochi dell'ellisse.

Le parole *ellittica* e *fuochi* richiedono qualche spiegazione. L'ellisse è una curva di aspetto ovale e molti tendono a chiamare ellissi tutte le curve ovali: niente di piú sbagliato, anche se l'ellisse è l'ovale piú comune! Ma non è un'ovale qualsiasi, perché per costruirla bisogna seguire un particolare procedimento. Il procedimento è impiegato spesso per la

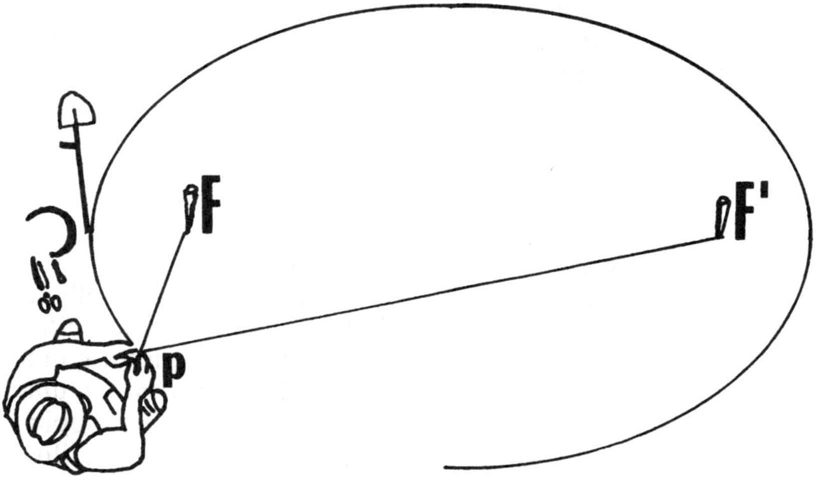

Il giardiniere traccia un'ellisse con il suo metodo.

preparazione di aiuole, perciò prende il nome di «costruzione del giardiniere». Si fa cosí: si prendono due paletti e li si fissa ben saldi nel terreno, in due punti che chiameremo F e F' (vedi la figura in alto). Questi due punti si chiameranno appunto 'fuochi' dell'ellisse (quando l'avremo disegnata), e la lettera F ce lo ricorderà. Ora prendiamo uno spagno, che sia piú lungo della distanza tra F e F', cioè del segmento FF' che congiunge F e F'. Fissiamo una estremità dello spago in F e l'altra in F'. Poi, prendiamo una punta, appoggiamola allo spago in modo che questo si tenda e si allontani quanto piú possibile dal segmento FF'; cosicché F, F' e la punta, che chiameremo P, si troveranno ai vertici di un triangolo che ha il segmento FF' come uno dei lati (vogliamo chiamarlo base?) e le porzioni di spago FP e F'P come lati rimanenti. Ma F e F' sono punti fissi, perché abbiamo piantato dei paletti ben saldi, mentre P è un punto che si può spostare facendo scorrere la punta lungo lo spago tenendolo, naturalmente, ben teso. Allora P, scorrendo, descrive una curva, che avrà lo stesso aspetto dalle due parti del segmento FF': questa curva è l'ellisse. Sapete come si fa a dire in poche parole che cosa è una ellisse? Si dice cosí: è il luogo dei punti P le cui distanze da due punti dati F e F' hanno somma costante. Anche qui, la definizione della curva detta ellisse ripesca che cosa è che rimane costante quando ci si muove lungo la curva. Che cosa è questa costante? Non è altro che la lunghezza dello spago, che possiamo chiamare per esempio L. In formule, si tratterebbe di scrivere semplicemente

$$FP + F'P = L$$

intendendo con FP e F'P le lunghezze delle porzioni di spago da F a P e da F' a P, rispettivamente.

Bene, secondo Kepler i pianeti descrivono proprio ellissi; e il Sole sta in uno dei due fuochi (F o F') mentre nell'altro non c'è niente. Vi rendete conto del fatto che questa è una scoperta *qualitativa*, visto che riguarda la forma di una traiettoria, molto importante? Perché, una volta che sappiamo che una curva ovale è proprio un'ellisse, ci basta stabilire dove stanno i due paletti F e F' e quanto vale la lunghezza L dello spago per costruire in qualunque momento tutta la curva, rimettendo nello scaffale le pazienti tabelle di osservazioni di Tycho Brahe: si sono ridotte a due soli numeri, la lunghezza del segmento FF' e la lunghezza L dello spago!

Seconda legge di Kepler. L'area *spazzata* dal *raggio vettore* è proporzionale al tempo impiegato a *descriverla*.

Qui va un po' peggio, stiamo finendo nel tecnico: che cos'è «un'area spazzata?» e dal «raggio vettore», poi!; e che cos'è il tempo impiegato a «descrivere» un'area? Andiamo con ordine. Torniamo all'ellisse della prima legge e piazziamo il Sole nel fuoco F. Poi tiriamo il solo segmento che va da F al punto P sull'ellisse in cui si trova il pianeta: ormai, gli spaghi e i paletti del giardiniere non ci occorrono piú, e al posto della punta P possiamo mettere il pianeta che stiamo studiando e che immaginiamo percorrere la sua brava ellisse intorno al Sole (vedi la figura nella pagina accanto). Ebbene, questo segmento FP è il raggio vettore, nel gergo degli astronomi. Ora, il pianeta si sposta lungo l'ellisse e, per esempio, in un certo tempo (un giorno, una settimana, un mese, quello che vi piace) che ci conviene indicare con la lettera t, si sposta dal punto P a un altro punto P'. È chiaro che il raggio vettore si è mosso: quando il pianeta è in P' il raggio vettore è FP'. Gira come la lancetta di un orologio, ma cambia anche di lunghezza perché i punti dell'ellisse non sono tutti

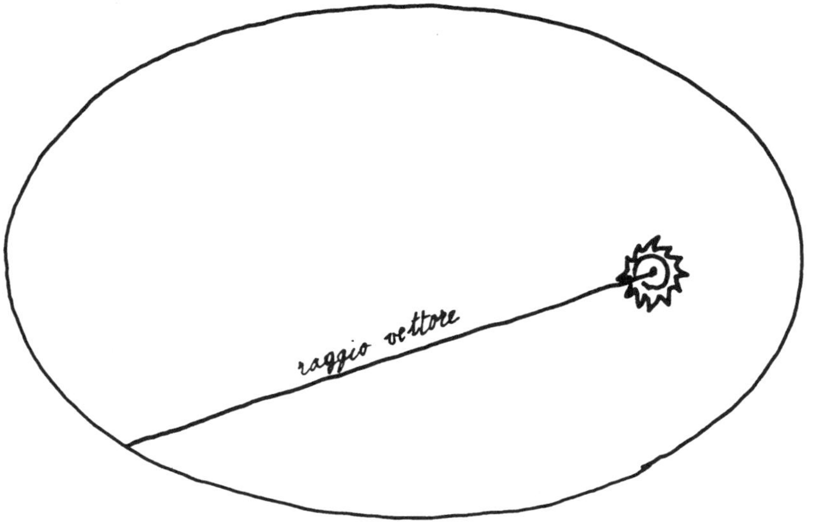

Il segmento che va dal Sole a un punto dell'ellisse è il raggio vettore.

alla stessa distanza da F. Guardate quello strano triangolo che ha due lati, FP e FP', che sono effettivamente due segmenti mentre l'altro lato, PP', è una porzione, un arco, dell'ellisse. Anche se non è un triangolo di quelli soliti, si vede benissimo che racchiude un'area ben definita: che è proprio l'area spazzata dal raggio vettore. E quanto tempo c'è voluto a descriverla? Ma proprio il tempo *t* necessario perché il pianeta si spostasse da P a P'. E adesso vediamo quali dati riassume questa seconda legge di Kepler. Il raggio vettore è piú corto quando il pianeta passa vicino al Sole: perché spazzi, in un certo tempo *t*, la stessa area che spazza, nello stesso tempo, quando passa lontano dal Sole, bisogna che faccia un arco di ellisse piú lungo. Nello stesso tempo! Ma se fa piú strada nello stesso tempo, vuol dire che corre di piú, che va piú veloce!

Dunque, il pianeta cambia velocità lungo l'orbita ellittica e si muove piú velocemente quando è vicino che non quando è piú lontano dal Sole. Per sapere quanto piú velocemente, basta ricorrere alla figura dell'ellisse e fare un po' di calcoli di aree usando la carta millimetrata e contando pazientemente i quadratini dentro i triangoli FPP': vi mostro due di questi triangoli sull'elisse della figura a p. 32. Hanno la stessa area, quindi sono spazzati dal raggio vettore nello stesso

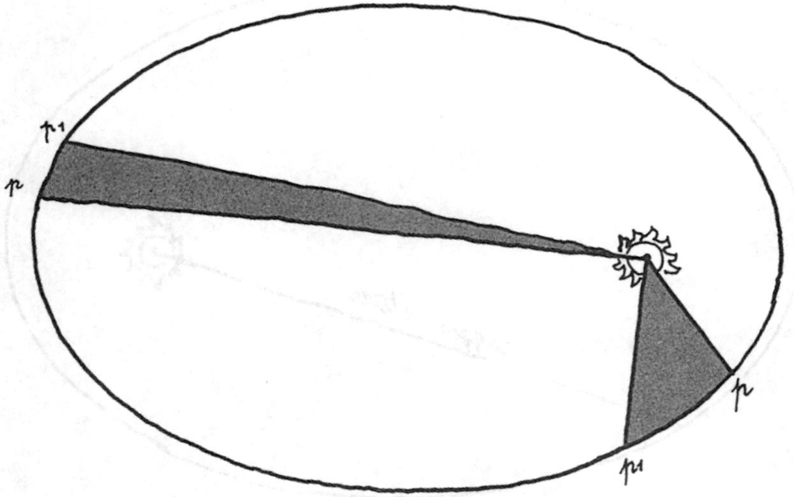

Le due aree in grigio sono spazzate in tempi uguali dal raggio vettore.

tempo; ma i due archi PP' sono di diversa lunghezza, stanno nel rapporto 1 a 2: quindi, anche le velocità lungo i due archi stanno in questo rapporto! Questa seconda legge di Kepler completa le informazioni che ci vengono dalla prima: nella prima, non c'era alcuna indicazione che riguardasse tempi o velocità, ora le abbiamo. Basta sapere come è fatta l'ellisse per quel pianeta e la velocità in un sol punto, per ricavare la velocità in tutti gli altri punti. Un altro mucchio di dati di Tycho Brahe se ne va in archivio perché sappiamo come ricavarli con una regola. E non dimenticate che, all'epoca di Kepler, queste cose avevano la loro importanza per fabbricare oroscopi e dire ai príncipi che cosa conveniva fare: bisognava prevedere, per esempio, se la posizione del pianeta Marte, cosí caro al dio della guerra, sarebbe stata favorevole al proprio padrone nel giorno della battaglia. Come al solito, la scienza si avvantaggia anche dei suoi usi, malvagi o cretini che siano.

Terza legge di Kepler. I *cubi* degli *assi maggiori* delle traiettorie ellittiche dei pianeti sono proporzionali ai *quadrati* dei *periodi di rivoluzione*.

Quanto ci mette un pianeta a fare un giro completo intorno al Sole, partendo da un punto qualsiasi della sua traiettoria ellittica e ritornando esattamente nello stesso punto? Ci mette un tempo T che chiamiamo, appunto, 'periodo di rivoluzione'. La parola *periodo* serve a ricordare il concetto di periodicità, cioè di ripetizione a intervalli di tempo uguali dello stesso cammino. La Terra, per esempio, ha un periodo di rivoluzione di un anno. Ma il pianeta Marte ci mette 1,88 anni a fare il suo giro; Saturno ci mette 29,5 anni; Plutone, lontanissimo (e sconosciuto a Kepler: è stato scoperto nel 1930, quando molti lettori di questo libro forse erano già nati), ce ne mette 248. E che cos'è l'asse maggiore? Prendete l'ellisse del pianeta che volete studiare, tirate un segmento che passa per F e F' e che arriva sino a toccare l'ellisse al di là di F e F': quello è l'asse maggiore. Infine, fare il quadrato di un numero significa moltiplicarlo per se stesso: per esempio, il quadrato di 3 è $3 \times 3 = 9$, quello di 4,5 è $4{,}5 \times 4{,}5 = 20{,}25$, e cosí via; fare il cubo significa moltiplicare ancora il quadrato per il numero: il cubo di 3 è $3 \times 3 \times 3 = 27$, quello di 4,5 è $4{,}5 \times 4{,}5 \times 4{,}5 = 91{,}125$. Con un calcolatore tascabile tutte queste operazioni si fanno in un attimo.

Kepler, usando i dati di cui disponeva, quelli che Tycho gli aveva lasciato, osservò che per tutti i pianeti del sistema solare valeva questa regola semplicissima: che il rapporto tra il quadrato del periodo di rivoluzione e il cubo dell'asse maggiore è una costante. Cioè non dipende dal particolare pianeta: ecco di nuovo una costante, una grandezza che è la stessa per oggetti cosí diversi come i vari pianeti!

Facciamo un esempio: il pianeta Marte ha un asse maggiore che è 1,523 volte piú lungo di quello della Terra. Il cubo di 1,523 vale 3,533 (arrotondando alla terza cifra decimale, che basta e avanza). Che cosa ci aspettiamo? Ci aspettiamo che, essendo il periodo di rivoluzione di Marte 1,88 volte piú lungo di quello della Terra, il quadrato di 1,88 valga proprio il cubo di 1,523. E cosí è! Non siate troppo pignoli con le ultime cifre decimali, che risentono molto degli arrotondamenti.

Si può anche scrivere una formula facile da ricordare: se, come abbiamo detto all'inizio, T è il periodo di rivoluzione e chiamiamo L l'asse maggiore dell'ellisse che il pianeta percorre, la terza legge di Kepler si annota cosí

$$L^3/T^2 = \text{costante}$$

Siccome la formula vale anche per la Terra, possiamo accontentarci di imparare da essa quanto si esprime in unità terrestri. Cioè, prendiamo come lunghezza unitaria proprio l'asse maggiore della traiettoria terrestre (cioè diciamo che per la Terra L vale 1); prendiamo come tempo unitario il periodo di rivoluzione della Terra: l'abbiamo già fatto, chiamandolo anno. Con questa scelta, il valore di L^3/T^2 per la Terra è uguale a uno; cioè, la costante vale 1. Ma è costante! Quindi, se vale 1 per la Terra, vale 1 anche per tutti gli altri

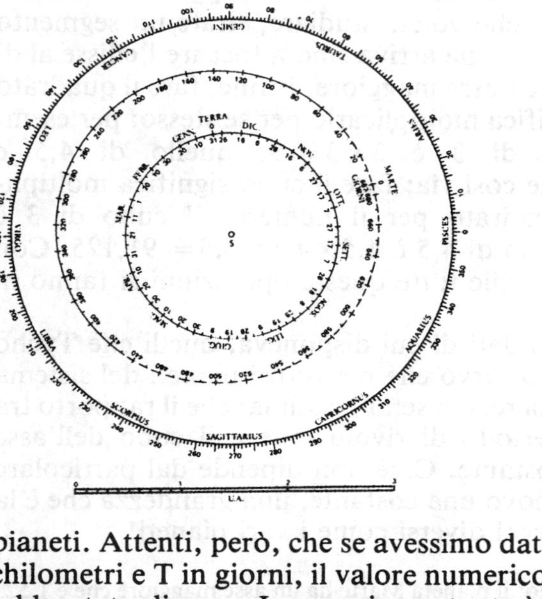

Le orbite della Terra e di Marte con l'indicazione delle posizioni a vari periodi dell'anno.

Nella pagina accanto, afélio e periélio con le frecce che indicano le rispettive velocità v_a (minima) e v_p (massima).

pianeti. Attenti, però, che se avessimo dato L per la Terra in chilometri e T in giorni, il valore numerico della costante sarebbe stato diverso. La cosa importante è che quella costante sia tale, anche se il suo valore dipende dalle unità che scegliamo per misurare tempi e lunghezze.

Cerchiamo di vedere con esempi piuttosto facili se abbiamo ben capito le leggi di Kepler. Non sono quiz o domande trabocchetto: le risposte sono già contenute esplicitamente nelle domande e non ci saranno misteri non risolti. Se ne serva chi vuole.

1) Per capire bene le ellissi, proviamo a fare un calcolo mentale e vedere come va a finire nei casi limite come questi: mentalmente (senza cioè fare il disegno sulla carta) sapreste rendervi conto del fatto che se i fuochi di un'ellisse coincidono allora l'ellisse si riduce a un cerchio? E che, se la lunghezza L dello spago è uguale a quella del segmento che unisce i due fuochi, l'ellisse si riduce a quel segmento?

2) Anche nel caso della seconda legge di Kepler si trova che qualcosa,

costruito con le variabili del problema, è costante. Però questa costante è un po' piú complicata da identificare, salvo che per due punti speciali che si chiamano 'periélio' e 'afélio'; sono nomi che vengono dal greco: il periélio è il punto piú vicino al Sole, lungo la traiettoria del pianeta, l'afélio è il punto piú lontano. Ora, la seconda legge di Kepler equivale a dire che il prodotto della velocità del pianeta al periélio per la distanza dal Sole sempre al periélio è uguale allo stesso prodotto calcolato all'afélio. Sapreste rendervene conto? Non cercate di trovare il prodotto giusto per un punto qualsiasi dell'ellisse, perché il fatto che la velocità e il raggio vettore non siano perpendicolari complica le cose. Ma al periélio e all'afélio invece sono perpendicolari; questo aiuta a costruire triangoli semplicissimi,

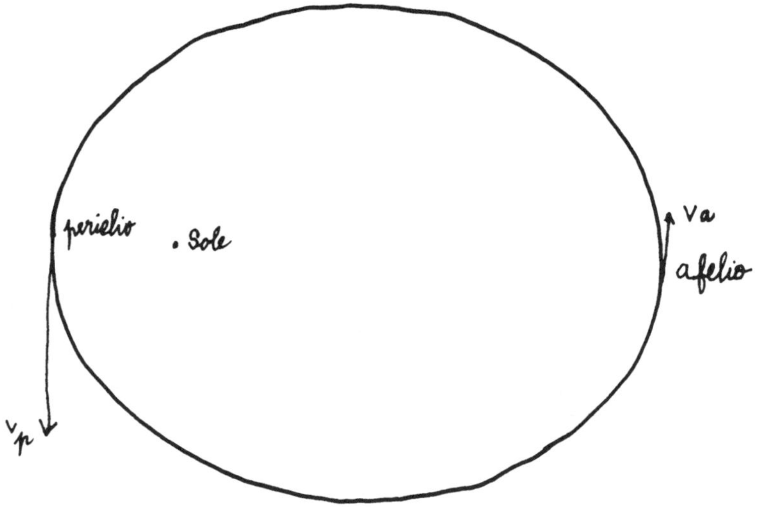

del tipo isoscele, cioè con due lati uguali. Se l'arco di ellisse PP' lo si prende molto corto, lo si può approssimare con un segmento: piú è corto, piú l'approssimazione è buona. L'area del triangolo è circa uguale alla metà di PP' moltiplicato per il raggio vettore. Ma se PP' è percorso in un tempo *t* alla velocità *v*, allora è lungo *vt*... E se l'area è proporzionale al tempo *t*, allora il rapporto tra l'area e *t* è costante e vale... Vale la stessa cosa al periélio e all'afélio...

3) La terza legge di Kepler si riferisce a un particolare sistema di astri: il sistema solare. Descrive, cioè, una regolarità del moto eliocentrico dei pianeti, una regolarità che consiste in una relazione generale tra la dimensione delle orbite (l'asse maggiore) e il periodo di rivoluzione. Quanto è generale, questa relazione? Per arrivare a capirlo dovremmo avere a disposizione un altro sistema simile ma non uguale a quello solare: per esempio, un'altra stella con degli altri pianeti. Kepler non disponeva di niente di simile: il solo corpo orbitante a lui visibile, oltre i pianeti Mercurio, Venere, Terra, Marte, Giove e Saturno, era la Luna. Troppo poco! Con i dati relativi all'unico caso della rotazione lunare attorno alla Terra non si fabbrica una terza legge per il sistema Terra-Luna, perché non si

Nel 1301 la cometa Halley, nella pagina accanto fotografata al telescopio l'otto maggio 1910, passò vicino alla Terra: Giotto la riprodusse nell'*Epifania* (Padova, Cappella degli Scrovegni). Il dipinto fu completato intorno al 1304. La Halley ritornerà nel 1986.

può fare nessun confronto tra i dati di *due* traiettorie diverse attorno alla Terra. Oggi, però, disponiamo di dati precisi relativi a sistemi anche piú ricchi di quello solare: il sistema dei satelliti di Saturno, il sistema dei satelliti di Giove. Il numero di questi satelliti sta aumentando: le sonde spaziali ne scoprono di nuovi, piccolissimi, che non sono visibili dalla Terra. Ce ne sono almeno una quindicina, sia per Giove che per Saturno. Per esempio, tra quelli di Giove che sono osservabili con un telescopio terrestre, ci sono: Amaltea, che gira a 181.300 chilometri da Giove con un periodo di rivoluzione (attorno a Giove!) di 0,49 giorni; Io, che gira a 421.600 chilometri in 1,77 giorni; Europa, che gira a 670.900 chilometri in 3,55 giorni. Le orbite sono praticamente circolari, quindi l'asse maggiore è il diametro dell'orbita. Provate a confrontare Io e Amaltea secondo la terza legge di Kepler: se fate il cubo del rapporto tra le distanze, deve venire fuori un numero che è uguale al quadrato dei rapporti dei periodi. La stessa cosa accadrà se confrontate Europa e Amaltea. Analogamente, Saturno ha un satellite chiamato Janus, che gira a 159.500 chilometri di distanza in 0,75 giorni; un altro, Tethys, a 295.000 chilometri, con periodo di 1,89 giorni. Sapreste calcolare da questi dati il periodo di Rhea, che ruota a 527.000 chilometri da Saturno?

Che razza di leggi sono, queste tre di Kepler? Una cosa è certa, che esse sono regole o ricette utilissime perché, come abbiamo visto, riassumono in poche parole il contenuto di lunghissime e noiosissime tabelle di dati, di risultati di osservazioni. Per arrivare a queste leggi, Kepler ha preso tutti questi dati e li ha manipolati, cioè trascritti e ordinati, sino a

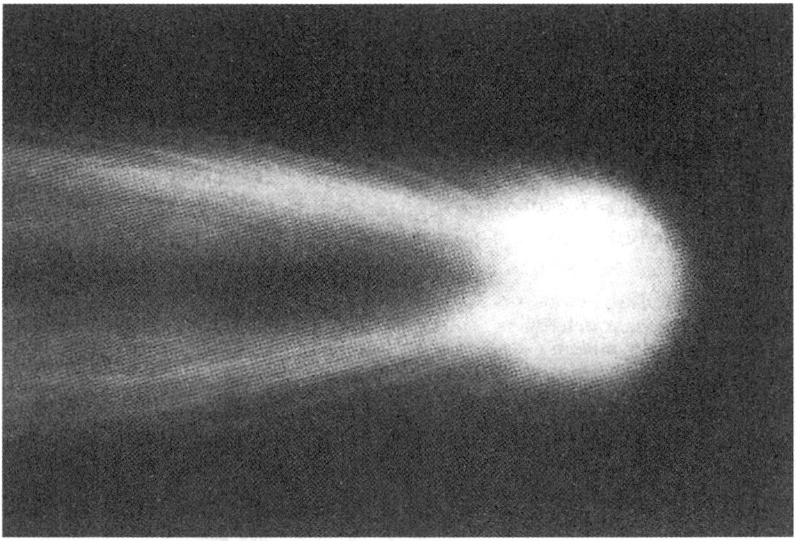

che non ha trovato un modo accurato di rappresentarli mediante una o piú formule. Queste leggi, molto comuni in fisica, le chiamiamo 'fenomenologiche', con una parola presa in prestito dalla filosofia e particolarmente dal filosofo tedesco Georg Friedrich Wilhelm Hegel (1770-1831), che ne fa svariati altri usi. Insomma, sono leggi che partono dalla serie di dati che abbiamo accumulato su un gruppo di fenomeni *già* osservati e che possiamo adoperare in seguito al posto di nuove osservazioni su quegli stessi fenomeni. Immaginate la gioia dell'astrologo, tutto intento a predire se il tal pianeta si troverà in congiunzione con il tal altro nel giorno delle nozze della principessa o alla partenza del granduca per un viaggio! Ma a noi le gioie dell'astrologo non interessano se non come indici della credulità degli uomini. Ci chiediamo se questa sintesi, queste leggi fenomenologiche sono il meglio a cui possiamo arrivare. Molti, purtroppo, sanno cosí poco di risultati della scienza da pensare che le leggi siano tutte di questo tipo: capite bene che le leggi fenomenologiche sono soltanto descrittive. Come in quasi tutta la letteratura corrente, nei romanzi e nei racconti dei migliori scrittori, la descrizione dei fatti fa la parte del leone. Sarà forse per questo che non riusciamo a immaginare che ci possa essere altro, qualcosa di piú profondo, perfino piú difficile da identificare perché le parole usate per le descrizioni non sono adatte a rendere bene l'idea.

Se facciamo un salto di cinquanta anni dopo la morte di Kepler, portando questa volta l'attenzione sull'Inghilterra, vi troviamo una fiorente società scientifica, piena di nomi rimasti nella storia: Wren, Halley (quello della cometa), Hooke, Flamsteed e Newton. Oggi sappiamo che Isaac Newton, nato a Woolsthorpe nel Lincolnshire il giorno di Natale del

Rappresentazione del mondo dipinta su una tazza della civiltà di Susa (IV millenio a.C.). Si vedono l'Oceano che circonda la Terra (linee), le montagne (triangoli), l'aria (uccelli), il Sole (cerchio).

1642 e morto a Londra il 20 marzo 1727, fece le cose piú importanti in questa compagnia di scienziati. Ma mette conto di ricordare, anche semplicemente citando dei nomi, che l'ambiente in cui si pensa e si lavora ha un effetto non trascurabile su quello che si riesce a fare.

Sotto le idee di Newton c'era già una concezione che segna un profondo distacco da Kepler e dal pensiero medioevale. Una concezione già presente in Galilei, anche se in una forma meno produttiva. Per Newton, le leggi della fisica non si dividono in leggi buone per i fenomeni celesti e leggi buone per i fenomeni terrestri. Le *stesse* leggi valgono dappertutto. Ma questa frase resta vuota, cioè resta solo un'opinione generica, se non si trova un raccordo, un elemento di continuità tra fenomeni celesti e fenomeni terrestri. Cioè, se non si trova una categoria di fenomeni cosí larga da contenere sia fatti terrestri che fatti celesti.

La leggenda vuole che Newton, stando seduto a pensare sotto un albero di mele, ricevesse un frutto sulla testa; e che, invece del bernoccolo, gli venisse l'idea giusta, attraverso una domanda ben formulata: «Come mai questa mela mi cade sulla testa e invece la Luna non cade affatto sulla Terra?». Vero o falso che sia questo aneddoto, una nipote di Newton lo raccontò all'illuminista francese François-Marie Arouet Voltaire (1694-1778), il quale lo diffuse e lo rese popolarissimo. Il famoso melo era oggetto di visite, nella campagna in cui Newton si era rifugiato nel 1665 per sfuggire alla peste che infuriava a Londra; nel 1820, l'albero morí e il tronco fu fatto a pezzi, che divennero reliquie. Ma diciamo che se a uno di noi fossero caduti in testa i frutti di un intero albero, non avrebbero prodotto lo stesso effetto... Lo stesso Newton era cosciente dell'apparente occasionalità di molti pensieri, anche scientifici, quando scriveva: «Io non so come il mondo mi giudicherà, ma io, a me stesso, faccio l'effetto di un bambino che gioca in riva al mare, divertendosi a raccogliere ora una pietra piú levigata, ora una conchiglia piú brillante, mentre l'oceano sconfinato della verità si estende inesplorato davanti a lui». A parte gli aneddoti e la modestia di Newton, vediamo su quale conchiglia brillante aveva messo le mani.

Come tutte le buone idee, quella di Newton si può rappresentare con poche parole o con una buona figura. La figura la si trova nel grande trattato che Newton scrisse per esporre i suoi risultati ed è riprodotta nella pagina seguente: rappresenta schematicamente la Terra o un qualsiasi altro corpo celeste simile alla Terra. Dalla vetta V di una montagna partono delle traiettorie, diciamo di sassi; questi sassi sono sparati orizzontalmente, quello meno veloce va a finire in D, ai piedi del monte. Ma ce n'è uno piú veloce che arriva in E, un altro in F, un altro addirittura in G. Non c'è dubbio sul fatto che tutti questi sassi cadono sulla Terra. Ma continuiamo ad aumentare la velocità di lancio: non succederà per caso che a un certo punto il sasso faccia un giro completo ritornando al punto V da cui era partito? E se un corpo, un sasso gigantesco come la Luna fosse stato piazzato tanto tempo fa, per motivi che non conosciamo, su un'orbita piú alta di V con velocità sufficiente per non cadere?

Ecco, questa figura mostra un tentativo di riunificare fenomeni a prima vista tanto diversi: la caduta di un sasso o un proiettile lanciato e il movimento orbitale di un corpo come la Luna. Per la caduta dei sassi, Newton disponeva di leggi fenomenologiche molto semplici: le aveva scoperte Galilei. Si tratta di leggi che riassumono il moto di corpi (Gali-

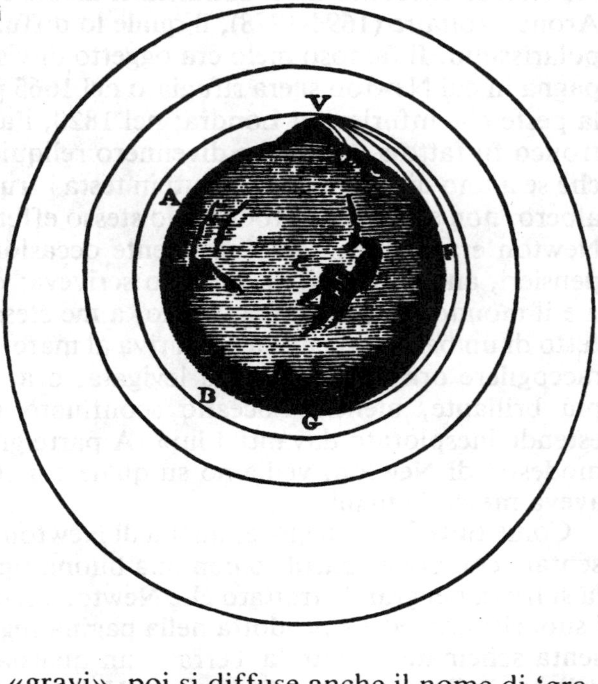

Disegno originale di Newton per descrivere gli effetti della gravità.

lei li chiamava «gravi», poi si diffuse anche il nome di 'gravita' per intendere la *causa* del peso) sotto la misteriosa azione della Terra che li attrae. Secondo Galilei, un sasso che si muove vicino alla superficie della Terra cade lungo la verticale con accelerazione costante (di nuovo, una costante!), uguale per tutti i corpi e indipendente dal posto in cui si fa l'esperimento di caduta e dalla velocità che il corpo ha nella direzione orizzontale. È evidente che la legge di Galilei si applica a moti brevi, di piccola gittata, come quello del sasso che cade in D nella figura di Newton. (Fra parentesi: 'accelerazione costante' vuol dire che la velocità cambia proporzionalmente al tempo. Per esempio, un'automobile che va a 10 km all'ora (km/h) dopo un secondo dalla partenza da ferma, poi raggiunge i 20 km/h dopo 2 secondi, 30 km/h dopo 3 secondi e cosí via, ha una accelerazione costante di 10 km/h per secondo. Nel caso delle leggi di Galilei, l'accelerazione di *tutti* i corpi lungo la verticale è di 9,8 metri al secondo per secondo).

Galilei dimostra che tutti i corpi cadono con la stessa accelerazione lanciando due palle di diverso peso dalla Torre di Pisa.

Questo valore dell'accelerazione di gravità, cioè della costante scoperta da Galilei, è veramente molto importante. Conviene capirlo e ricordarlo: è un dato, è vero, che si trova sui libri e sulle tabelle; ma ci può risparmiare la fatica di scartabellare, mandandolo a memoria, perché capita di usarlo frequentemente. Allora, vediamo un po': c'è sempre il dramma delle unità di misura. Una velocità di 1 metro al secondo, quanto vale in km/h? Facile: se in un secondo si fa un metro, in un minuto si fanno 60 metri, e in un'ora 60 volte tanto, cioè 3.600 metri, cioè ancora 3,6 chilometri: 1 metro al secondo è lo stesso che 3,6 chilometri all'ora. Continuiamo: 9,8 metri al secondo saranno perciò $9{,}8 \times 3{,}6 = 35{,}3$ km/h e questa è la variazione della velocità lungo la verticale di tutti i gravi, nell'intervallo di un secondo. È una accelerazione non da poco, tanto è vero che cadendo da altezze anche modeste ci si fa male. Ma c'è un'altra cosa da dire: ancora oggi, moltissima gente è convinta che un sasso di 5 chili cada piú in fretta di un sasso di 3 chili. Non è vero! La straordinaria scoperta di Galilei è proprio questa. Anche in questo caso, la leggenda vuole che Galilei salisse sulla Torre di Pisa e facesse l'esperimento al cospetto degli increduli: evidentemente, né l'esperimento, che si può sempre ripetere, né la leggenda sono bastati per convincere la gente che due corpi di peso diverso cadono esattamente con la stessa accelerazione; cioè impiegano lo stesso tempo per arrivare al suolo, e ci arrivano con la stessa velocità. Una avvertenza: se volete provarci, non adoperate oggetti leggeri e di grande superficie, perché in quel caso la resistenza dell'aria può rallentare la caduta, complicando inutilmente le cose. Magari, provate con una boccia e un boccino, da una finestra al primo o al secondo piano, preferibilmente su una aiuola e comunque badando che sotto non vi sia nessuno.

Ritorniamo a Newton. La sua idea, come ho già detto, era che le leggi fondamentali della fisica fossero universali, cioè fossero le stesse per tutto l'universo. Quindi, che il moto dei gravi o il moto della Luna o il moto dei pianeti avessero la stessa motivazione, fossero dovuti alla stessa causa. L'aspetto delle traiettorie e le regolarità che si osservano in questi moti possono essere ben diversi, da caso a caso, ma deve essere possibile formulare il problema in un modo che vale per tutti i casi. In cielo come in Terra. Conviene ricordare che, in epoche precedenti a Newton, opinioni di questa natura erano ritenute bestemmie: varrebbe la pena di ristudiare alcune figure di pensatori del XII secolo, Adelardo di Bath, Thierry di Chartres e Guglielmo di Conches, che formano una triade di cosmologisti, precursori di Roberto Grossatesta e di Ruggero Bacone. Tutti e tre, con la loro esigua schiera di seguaci (particolarmente Giovanni di Salisbury) avevano, sia pure in forma confusa, una concezione razionale unitaria della natura e una idea sufficientemente concreta

Terra

della necessità di un metodo applicabile al cosmo nel suo insieme. Da qui il nome di cosmologisti. Ma la cultura dei loro tempi era nelle mani della Chiesa, che intendeva mantenere una distinzione tra Terra e cielo; perciò furono dimenticati, dopo essere stati accusati di eresia, perseguitati e messi in ridicolo. Al tempo di Newton, la situazione era piú allegra; ecco come la descrive Alberto Pala nel suo libro che si intitola, appunto, *Isaac Newton*:

«In tempi piú recenti Robert Hooke aveva intuito in modo abbastanza preciso la ragione dell'inverso del quadrato, e Halley, nel gennaio 1684/5, riflettendo sulla proporzione dei 3/2 di Keplero, era giunto alla conclusione che "la forza centripeta decresceva nella proporzione del quadrato delle mutue distanze". A un'analoga conclusione era pervenuto anche Wren. Halley ebbe cognizione dei risultati raggiunti dai suoi due amici, Hooke e Wren, un mercoledí di quello stesso gennaio. Incontratili in una taverna ed essendo venuti a parlare di questo problema, Hooke asserí di aver trovato e dimostrato una legge fondata sul medesimo principio dell'inverso del quadrato valida per tutti i movimenti celesti. Halley invece ammise francamente l'insuccesso dei suoi tentativi. Wren, allora, con l'intento di stimolare le ricerche, promise un libro del valore di quaranta scellini a colui che entro due mesi avesse fornito una dimostrazione convincente della legge. Sebbene Hooke insistesse nel suo possesso di tale metodo e promettesse di esibirlo, Halley asserisce che non mantenne mai la promessa adducendo i pretesti piú diversi. A questo punto si inserisce il resoconto del viaggio di Halley a Cambridge, nell'agosto dell'84, e della sua sorpresa nel costatare che Newton aveva non solo dimostrato la legge in questione ma aveva anche calcolato la figura descritta da un corpo sotto l'azione di tale forza».

Ma procediamo con calma. In questo testo, oltre ai personaggi e ai loro traffici in osteria, ci sono frasi come «la ragione dell'inverso del quadrato» o quella in cui si parla di forza centripeta, che non sono certo frequenti nei discorsi comuni. Che cosa aveva immaginato Newton? Intanto, che ciascun corpo, provvisto di una certa quantità di materia, la cui misura chiameremo 'massa', esercita una forza sugli altri corpi. Per la precisione, si tratta di una forza attrattiva, che tende ad avvicinare i due corpi. Da che cosa dipende questa

forza? Se prendiamo due corpi di forma complicata, rischiamo di combattere con problemi di geometria. Newton se ne guardò bene: incominciò a ragionare immaginando di avere a che fare con corpi ridotti a punti, benché provvisti di massa. È una astrazione, è vero. Ma se provate a ragionare sul sistema formato dalla Terra e dalla Luna, facendo un disegno in scala, vedrete che una palla di circa 12.700 chilometri di diametro (la Terra) messa a 390.000 chilometri di distanza da un'altra palla di 3.500 chilometri di diametro (la Luna), appare come un punto fatto col pennarello. Se riducete la distanza Terra-Luna, nel disegno, a 10 centimetri, la Terra è un punto di 3,2 millimetri di diametro, la Luna è un punto di meno di un millimetro. Dunque, vada per questa astrazione dei punti provvisti di massa: tanto piú che, quando avremo capito che cosa succede per due punti, potremo sempre complicare la faccenda immaginando che un corpo esteso è costituito di tanti punti distribuiti nello spazio in modo compatto. Newton aveva immaginato che tra due punti provvisti di massa si esercitasse una forza, la 'forza gravitazionale', proporzionale al prodotto delle masse e inversamente proporzionale al quadrato della distanza.

Immagino che non ci sia difficoltà a intendere il significato di «proporzionale al prodotto delle masse». Ci sono tante proporzionalità di questo tipo: l'area del rettangolo è proporzionale al prodotto dei lati (anzi, è proprio uguale al prodotto dei lati, il che vuol dire che il fattore di proporzionalità è, per definizione, uguale a uno). Per quanto riguarda invece l'espressione «inversamente proporzionale al quadrato della distanza» (s'intende, tra i due punti) essa significa che la forza si riduce, all'aumentare della distanza, in modo che, se la distanza raddoppia, la forza è quattro volte piú piccola; se la distanza è tre volte piú grande, la forza è $3 \times 3 = 9$ volte piú piccola; e cosí via.

Quella che gli amici di Newton, discutendo all'osteria, chiamano 'forza centripeta', cioè che "attira verso il centro", è la forza che fa cadere i corpi sulla Terra, determinandone l'accelerazione. Ma è anche la forza responsabile del moto della Luna e di quello dei pianeti intorno al Sole: quindi è la forza che deve permettere di interpretare tutte e tre le leggi di Kepler e di riassumerle ulteriormente. È una forza universale: basta che due punti materiali abbiano massa perché si attraggano. Ma qui c'è un numero enorme di commenti da fare. Bisogna rispondere a molte domande: come mai la forza di gravitazione è fatta proprio a quel modo, ovvero, come ha fatto Newton a rendersi conto che la legge di quella forza si esprime con la proporzionalità al prodotto delle masse e all'inverso del quadrato della distanza? E come si misura una massa? E come si vede che una data massa di ferro ha lo stesso effetto gravitazionale di una ugual massa di legno o di marmo? E che razza di forze sono queste, che si esercitano tra corpi che non si toccano e che sono separati dallo spazio vuoto? E che cosa succede se le dimensioni dei corpi sono grandi rispetto alla loro distanza, cosí che non si possono piú scambiare per piccoli punti?

Me la caverò sbrigativamente, perché lo scopo di questo libro non è quello di spiegare la fisica, ma solo quello di aiutare a capire che cos'è una legge fisica e come sono diversi i vari tipi di legge.

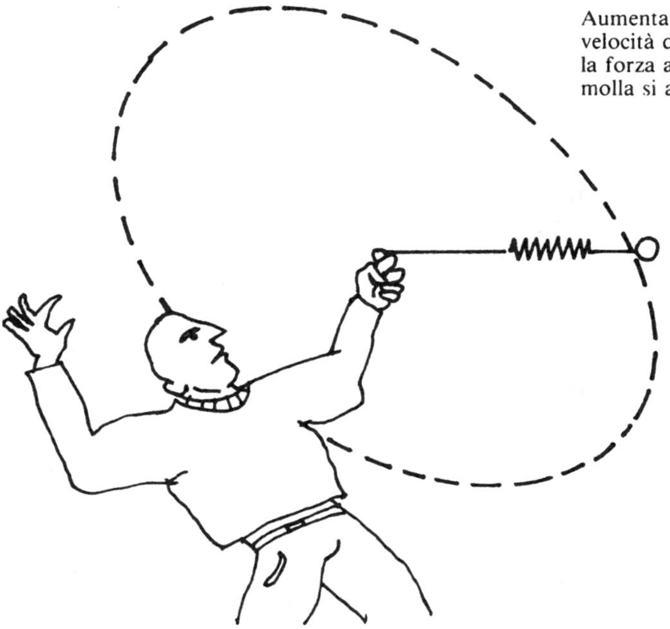

Aumentando la velocità di rotazione, la forza aumenta e la molla si allunga.

Per capire la dipendenza della forza dall'inverso del quadrato della distanza, Newton usò la terza legge di Kepler. Quella relazione cosí precisa tra i quadrati dei periodi di rivoluzione e i cubi degli assi maggiori è una indicazione importantissima; è quella che, nel brano di Alberto Pala che ho citato a proposito della discussione tra Wren, Hooke e Halley, è chiamata la «proporzione dei 3/2 di Kepler»: 3 sta per cubo e 2 sta per quadrato; e il modo di dire è un po' improprio.

Un corpo non può ruotare attorno a un punto se non è trattenuto da qualcosa che lo lega a quel punto. Per esempio, uno spago. Meglio, un elastico: provate, con cautela, a fare ruotare una palla legata a un elastico. Aumentando la velocità di rotazione, l'elastico si tenderà, si allungherà. Le forze prodotte dagli elastici aumentano con l'allungamento, cioè con la distanza tra la palla rotante e il centro di rotazione. Ma ora pensate che al posto dell'elastico ci sia l'invisibile forza gravitazionale, che diminuisce invece di aumentare con la distanza. In questo caso, non vi parrà strano se accade che la velocità corrispondente a orbite piú grandi sia piú piccola di quella corrispondente a orbite piú vicine al Sole. È quello che dice la terza legge di Kepler: supponete che l'orbita sia circolare, per ragionare su un caso semplice. Allora l'asse maggiore è il diametro del cerchio-orbita: noto il diametro, L, è nota anche la circonferenza, cioè il cammino che il pianeta fa in un periodo di rivoluzione T. La circonferenza si ottiene dal diametro moltiplicando per 3,14; in realtà, per una celebre costante della geometria del cerchio chiamata pi-greco e indicata con π, che vale approssimativamente 3,14. Il rapporto tra il cammino percorso in un giro (la circonferenza) e il tempo impiegato a percorrerlo (il periodo T) è la velocità del pianeta, V. V è, perciò, proporzionale a L/T. Ma se, come aveva scoperto Kepler, $L^3/T^2 =$ costante, allora possiamo rileggere questa formula sostituendo al posto di ciascun fattore L/T la velocità V. Non avendo fissato il valore numerico della costante, non ha nessuna importanza che ci dimentichiamo di moltiplicare per pi-greco: quindi, la formula di Kepler diventerà $V^2L =$ costante, e quello che conta è che il prodotto del quadrato della velocità per il diametro dell'orbita sia costante e non quanto vale questa costante. Tanti ragionamenti, in fisica, si fanno cosí, senza perdere troppo tempo in inutili pignolerie. I pianeti con L piú grande (piú lontani dal Sole) girano dunque piú lentamente, perché il prodotto V^2L mantiene lo stesso valore, è costante, all'aumentare di L, se V diminuisce. Un pianeta che dista dal Sole 4 volte di piú della Terra ha una velocità 2 volte inferiore a quella della Terra; uno che dista 9 volte piú della Terra ha una velocità 3 volte piú piccola. Giove, per esempio, girando a una distanza 5,2 volte piú grande di quella terrestre dal Sole, è 2,3 volte meno veloce. Ebbene, è

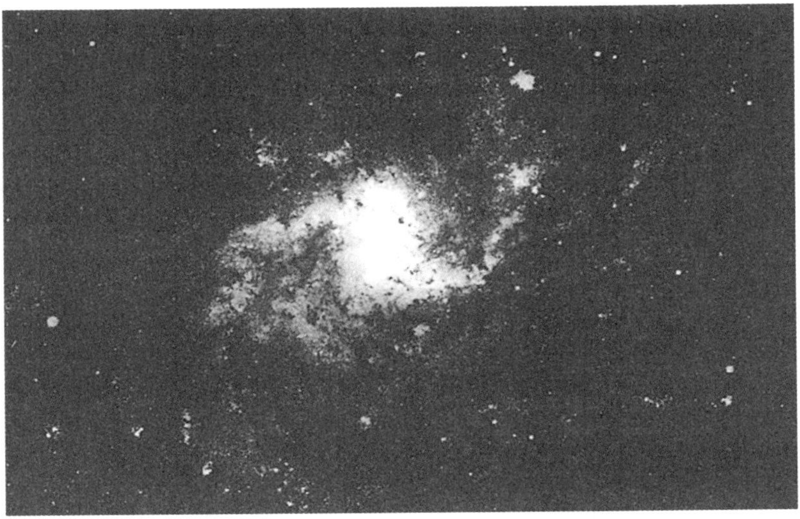

La galassia a spirale M 33. In questo ammasso stellare un'enorme quantità di materia è tenuta insieme dalla gravità (da P. Murdin-D. Allen, *Catalogo dell'universo*, Roma, Editori Riuniti, 1981, p. 55).

da questi dati che Newton ricavò la precisa conclusione che la terza legge di Kepler fosse compatibile solo con una legge di forza che varia con l'inverso del quadrato della distanza. Nel capitolo successivo andremo piú a fondo in queste cose.

L'altra domanda: come si misura una massa? è anch'essa impegnativa. Legati come siamo alla Terra, abbiamo la tendenza a confondere massa e peso. Ma quello che chiamiamo peso non è altro che la forza che la Terra esercita su una certa massa. La stessa massa, portata sulla Luna, avrebbe un peso diverso: qualcuno ricorderà quella canzoncina che dice «il peso sulla Luna è la metà della metà», che sarebbe un quarto, cioè 0,25; ma è un dato volutamente sbagliato per fare la rima nella canzone, perché nella realtà il peso sulla Luna è 0,17 volte piú piccolo. La Luna esercita una forza attrattiva minore, di 0,17 volte, rispetto alla Terra. Comunque, due masse diverse, sulla Terra, si possono confrontare confrontando i pesi. Se, per esempio, sono uguali in un certo posto sulla superficie della Terra, sono uguali anche sulla superficie della Luna.

La massa è una proprietà fisica che non contiene alcun riferimento alle altre qualità del materiale di cui i corpi sono composti. Se poniamo in una scatola chiusa del ferro, o della farina, o dell'acqua, un nostro amico che sia costretto a giudicare del contenuto dal solo peso non potrà mai decidere di che cosa si tratta. La gravità non distingue la natura delle cose! La situazione sarebbe diversa, come abbiamo già visto, se potessimo misurare il volume oltre che il peso: perché allora il peso specifico sarebbe caratteristico di ciascun materiale. C'è *meno massa* in un certo volume di farina che nello stesso volume di ferro.

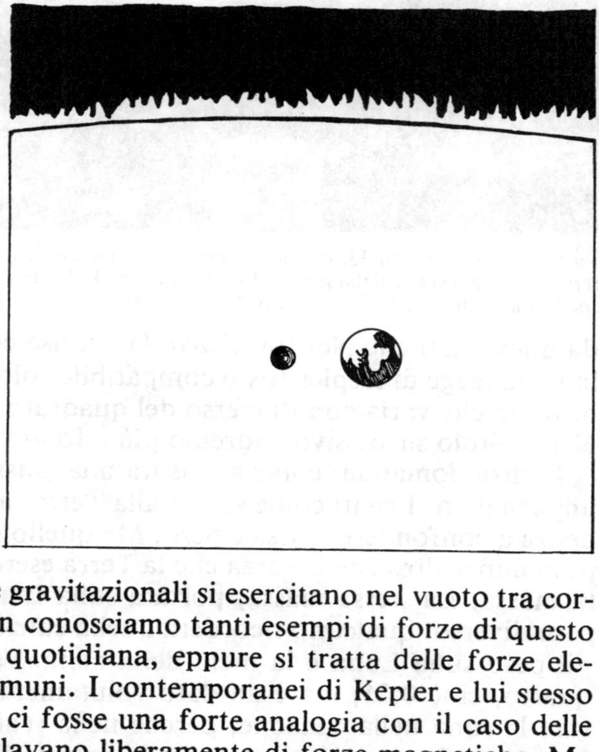

Confronto fra le dimensioni del Sole (che non entra tutto nella figura!), della Terra e della Luna.

Queste forze gravitazionali si esercitano nel vuoto tra corpi distanti. Non conosciamo tanti esempi di forze di questo tipo nella vita quotidiana, eppure si tratta delle forze elementari piú comuni. I contemporanei di Kepler e lui stesso pensavano che ci fosse una forte analogia con il caso delle calamite, e parlavano liberamente di forze magnetiche. Ma le forze magnetiche non c'entrano affatto, se non per l'analogia nel modo di manifestarsi: nel vuoto, a distanza. Le forze gravitazionali fanno parte del linguaggio comune piú di quanto non si immagini: tanti verbi che usiamo ne descrivono la proprietà attrattiva, come quando diciamo che un sasso *cade* verso la Terra, che un aereo *precipita*, che una nave *affonda*, che un razzo *si stacca* dal suolo, che la cometa di Halley *ripasserà* vicino alla Terra nel 1986, che le stelle *si ammucchiano* nella via Lattea. Per non parlare degli interminabili giri della Luna intorno a noi e dei pianeti intorno al Sole. Perché siamo cosí sicuri che l'attrazione della limatura di ferro da parte di una calamita, o quella di piccoli pezzettini di carta da parte di una stilografica strofinata sui pantaloni è un'altra cosa? Perché le calamite attraggono solo pochissimi materiali, come il ferro, e non altri, e la loro forza attrattiva diminuisce ben piú in fretta dell'inverso del qua-

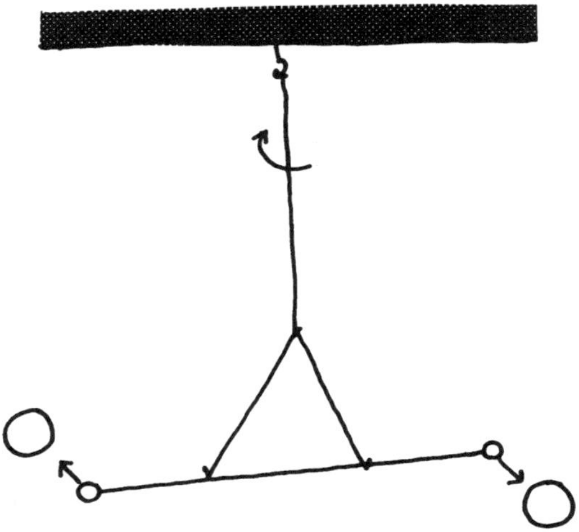

Schema, molto semplificato, della bilancia di torsione di Cavendish.

drato della distanza. Perché nel caso della stilografica la forza deve essere attivata mediante lo strofinamento e non dura che qualche minuto. Invece la forza di gravità non deve essere attivata: dove c'è materia (massa) c'è sempre gravità; e basta che ci sia massa: non ci sono sassi di sostanze che cadono e sassi di sostanze che non cadono. È pur vero che le forze gravitazionali sembrano molto deboli: una boccia è attratta dalla Terra, *pesa* e *cade*, ma non sembra attratta apprezzabilmente da un'altra boccia vicina. Il fatto che ci voglia una boccia di massa cosí grande come quella della Terra per produrre effetti apprezzabili dai nostri sensi ci insegna che le forze gravitazionali sono deboli e che le avvertiremo con facilità soltanto quando *almeno* uno dei due corpi che si attraggono è tanto grosso da essere un oggetto astronomico.

Ciò non toglie che l'inglese Henry Cavendish, conosciuto ai suoi tempi come il piú ricco dei filosofi e il piú filosofo dei ricchi, misurasse negli anni 1797-98 la forza gravitazionale tra palle di piombo, con una bilancia inventata dal reverendo John Michell, morto prima di fare a tempo a usarla.

Infine, per accontentare un'altra possibile curiosità, dirò due parole sulla questione dei corpi estesi, perché finora ab-

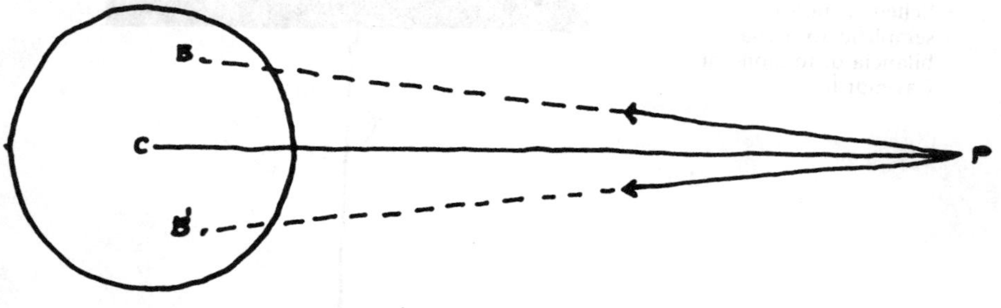

Il punto P è attratto verso C anche dall'azione combinata delle masse in B e B'.

biamo parlato allegramente come se avessimo a che fare solo con punti materiali, perfino nel caso del sasso che cade sulla Terra. A semplificare il problema dei corpi estesi entra in gioco la simmetria, un grande angelo custode della fisica. Disegnamo un oggetto molto simmetrico, come una palla o una boccia, insomma un oggetto sferico compatto, pieno di materia. Mettiamogli vicino un punto materiale, a una certa distanza dal centro della sfera (vedi la figura in alto). Disegnamo anche un segmento che guidi l'occhio, tra il centro C e il punto P. Se prendo una piccola porzione della boccia, diciamo un punto B fuori del centro, mi immagino che B attiri P verso di sé a causa della massa che sta in B. Ma, siccome B fa parte di una sfera, ci sarà certamente un punto B' simmetrico di B: anche B' attira P verso di sé. P si sentirà attirato contemporaneamente da ogni punto della boccia e dal suo simmetrico, con il risultato che sarà trascinato lungo il segmento CP, cioè verso il centro della boccia, C. È come se ci fosse una massa puntiforme in C, che attira P, anche se la massa della boccia è distribuita tutt'intorno a C. Dimostrare

Le scoperte di Galileo e di Keplero si unificano nella legge di Newton.

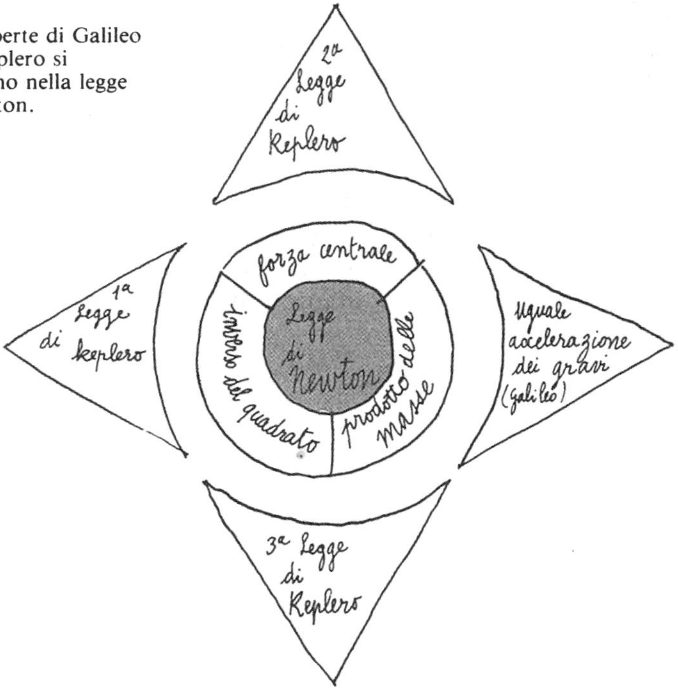

che la massa concentrata in C che produce lo stesso effetto della boccia è proprio uguale alla massa della boccia è un altro paio di maniche (è il teorema di Gauss, celebre matematico tedesco, nato nel 1777 e morto nel 1855): non provo nemmeno a farlo, in questo libro che non è un libro di fisica ma solo una gita attraverso le idee della fisica.

Concludo, invece, questa lunga serie di commenti sulla scoperta di Newton dicendo che è una bella fortuna che le sfere si comportino come punti, agli effetti della forza di gravità; anche perché in tutti i casi importanti, cioè quelli degli oggetti dell'astronomia, pianeti, stelle, abbiamo a che fare con corpi sferici. È la stessa forza di gravità che li fa sferici, cioè la simmetria sferica è proprio una simmetria di questa forza che, per questo motivo, prende il nome di 'forza centrale'. Basta questo fatto, poi, a produrre la seconda legge di Kepler, che è in realtà una proprietà generale di tutte le forze centrali. Per risalire, invece, dalla forza gravitazionale alla prima e terza legge di Kepler è necessario che la forza sia non soltanto centrale, ma anche inversamente proporzionale al quadrato della distanza (aggiungo, ora: tra i centri delle sfere) e proporzionale al prodotto delle masse. Lo schema riprodotto nella pagina precedente dà un'idea delle connessioni tra le leggi fenomenologiche di Kepler e di Galilei e la forza di gravitazione di Newton.

Questa forza fu subito chiamata *universale*, per sottolineare che si trattava di una delle grandi leggi della natura. La legge di Newton sembra dunque piú potente delle leggi fenomenologiche di cui abbiamo parlato sino a poco fa. In che cosa?

3. IL LINGUAGGIO DELLE LEGGI

Il re Hwang-Ti domandò a Ki-Pe: «La Terra è in basso?». Ki-Pe rispose: «La Terra è in basso relativamente all'uomo, ma è nello spazio».
(Dialogo del Su-Wen, citato nel Thien-Yuen; il re cinese Hwang-Ti sarebbe vissuto nel 2968 a.C.)

L'universo, oltre ad avere l'aspetto di una macchina enorme, ci sembra anche infinitamente complicato nelle forme, tutte diverse anche se molte sono le similitudini. La norma è che non vi siano due oggetti proprio uguali, che padri e figli si somiglino soltanto, che due cristalli di quarzo siano uno piú grande e uno piú piccolo. Questa varietà contribuisce non poco a metterci di buon umore. Ma, sotto di essa, c'è una semplicità invisibile che ha dello straordinario. Questa semplicità è fatta in parte di oggetti e in parte di leggi: pochi oggetti tutti uguali tra loro, poche leggi universali. Jean Perrin, uno dei piú formidabili sperimentatori nel campo della fisica atomica, scriveva nel dicembre del 1912:

> «[...] immaginare l'esistenza o le proprietà di oggetti che sono ancora al di là della nostra conoscenza, spiegare il visibile complicato per mezzo dell'invisibile semplice, ecco la forma di intelligenza intuitiva alla quale, grazie a uomini quali Dalton o Boltzmann, noi dobbiamo l'atomistica [...]».

È un brano del bellissimo libro *Gli atomi* (Roma, Editori Riuniti, 1981), che si riferisce, appunto, allo studio delle piccole parti di cui tutto è fatto, noi stessi, una montagna, una stella. Gli atomi di ossigeno sono tutti esattamente uguali tra loro, e cosí quelli di carbonio o di azoto o di idrogeno.

Ma l'altra semplicità invisibile, meno nota della semplicità della struttura atomica, è quella delle poche leggi universali, come ho già detto poco fa. A questa semplicità faceva indirettamente riferimento Albert Einstein dicendo: «La cosa piú incomprensibile del mondo è che sia comprensibile».

Dove, per *comprensibile*, si intende quello di cui abbiamo già visto un esempio con la legge di gravitazione di Newton: un enorme numero di fenomeni viene ridotto a un'unica formula, quella che rappresenta la forza di gravità, che diventa cosí uno strumento di lavoro formidabile. Vi basti pensare che la navigazione della sonda Voyager verso il pianeta Giove richiede un grandissimo numero di calcoli che però sono basati quasi esclusivamente sulla legge di Newton. Siamo forse arrivati, con questa legge, alla massima semplicità possibile, per i problemi della gravitazione? No. Ora vedremo come si semplificano ulteriormente le cose, anche se quella che i fisici chiamano semplicità è, talvolta, una qualità un po' astratta e lontana dal senso comune. Ma quando ci si fa l'abitudine, la si riconosce, cosí come un guidatore provetto riconosce che è facile correre a 140 Km/h in autostrada. Dobbiamo però fare un passo indietro, tornare a Galilei.

Tutto quello che diciamo e facciamo, in fisica, è riferito in qualche modo allo spazio e al tempo. Sono concetti intuitivi, direte, su cui non vale la pena di discorrere tanto: o non andremo a finire, per caso, in questioni filosofiche, di quelle che mettono soggezione senza venire mai al sodo? In parte è cosí, ma in parte no. La questione si mette in questo modo: supponiamo che uno di noi abbia fatto una scoperta e si dia da fare per scrivere la legge, fenomenologica o universale che sia, che governa i fenomeni osservati. Per scriverla, nella grande maggioranza dei casi, userà il linguaggio dello spazio e del tempo: lunghezze, intervalli, durate, distanze, velocità, frequenze, curvature, accelerazioni, periodi, rotazioni, flussi, aree, volumi, portate, eccetera. In questo linguaggio, si possono scrivere frasi a piacimento? Oppure, ci sono delle regole, fissate rigorosamente dall'idea stessa di spazio e di tempo, che si devono rispettare?

Badate che, alcune di queste regole, le rispettiamo automaticamente, sulla base della sola idea intuitiva di tempo e di spazio. Per esempio: nessuno dice «ho messo cinque litri di vino in questa bottiglia da un litro»; oppure «oggi ero contemporaneamente a Cuneo e a Singapore». A meno che non stia facendo lo spiritoso, o che voglia provare a far miracoli, o semplicemente sragioni (fatti salvi gli autori di fantascienza). Vorrei che rilevaste che in queste frasi non sono violate né la grammatica né la sintassi. È il senso della frase che manca, in rapporto all'idea comune di spazio e di tempo. Sarà bene che diamo un'occhiata a questa idea comune, perché le frasi della fisica non sono tutte cosí ovvie come quelle che ho appena adoperato per rendere l'idea.

Riprendiamo per un attimo la legge di gravitazione universale di Newton. Vi potrà sembrare complicata la faccenda della proporzionalità al prodotto delle due masse che si attraggono, oppure la proporzionalità all'inverso del quadrato della loro distanza. Vi potrete forse chiedere il perché di quel prodotto delle masse o di quell'inverso del quadrato: sono domande legittime. Perché il quadrato e non il cubo, perché il prodotto e non la somma delle masse? Abbiamo già visto che i *dati*, le osservazioni sui fenomeni celesti e terrestri, indicano che la soluzione è questa, ma si può sempre sospettare che ci sia una ragione piú profonda. Ma riflettete su un'altra particolarità: nella legge di Newton lo spazio è nominato attraverso quella *distanza* tra i due corpi che si attraggono. Questo, in fondo in fondo, non vi sembra cosí misterioso, anzi, sembra la cosa piú naturale del mondo. Vi immaginate una legge cosí formulata, invece: «La forza tra due corpi diminuisce con il prodotto delle loro distanze dal centro dell'universo»? Sto inventando senza ritegno, per farvi vedere che brutto effetto fa l'introduzione di una espressione misteriosa come «il centro dell'universo». E che diavolo è? Eppure, prima del Rinascimento e di Galilei, la gente si sarebbe sentita piú contenta se nelle leggi ci fosse stato un bel riferimento a cose come il centro dell'universo. O altri simili assoluti: cioè cose immutabili, centrali, che sono sempre uguali, eterne; grandi perni attorno a cui tutto fa un balletto cosmico. Roba perfetta, da tenersi vicina per maggiore protezione: questo centro dell'universo, del mondo, era poi la Terra! Che sfacciataggine! Per non parlare dell'idea di Dio, ridotta a un miscuglio di astronomia e matematica, con occupazione totale dello spazio e del tempo: infinità, eternità e via discorrendo.

Invece, nella legge di Newton, c'è la sola distanza importante che ci può essere tra due corpi: quella relativa. Non sarà una regola generale della fisica, anzi, del linguaggio delle leggi, che, dati due corpi, la *sola* grandezza che ha a che fare con lo spazio, che possiamo costruire, è la distanza tra i due? Basterà che introduciamo un principio (vedremo subi-

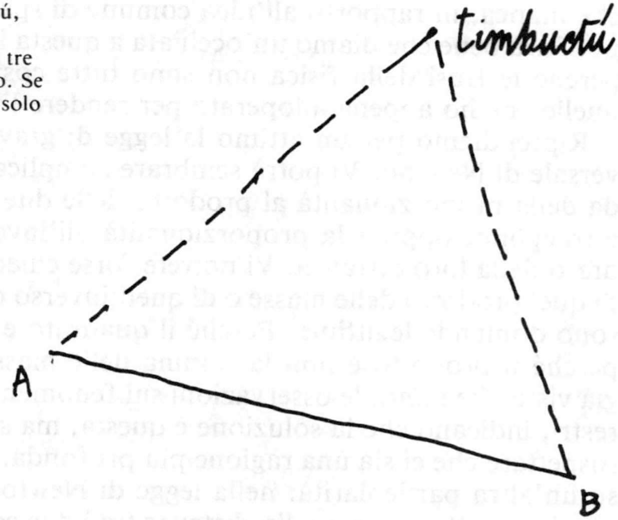

Se esiste Timbuctú, allora sono importanti tutti e tre i lati del triangolo. Se non esiste, conta solo il segmento AB.

to che cos'è), che dice che tutti i punti dello spazio vuoto sono equivalenti, per dire che, in base a questo principio, la sola grandezza che conta, per due corpi separati nello spazio, è la distanza. Se non fosse cosí, se ci fosse per esempio un punto dello spazio vuoto che si può identificare in qualche modo e che è diverso dagli altri, una specie di centro del mondo (chiamiamolo, per esempio, Timbuctú) dovremmo scrivere tutte le leggi tenendo conto della sua esistenza. Dovremmo dire: la forza tra il corpo A e il corpo B, *può* dipendere dalla distanza tra A e B, ma anche da quella tra A e Timbuctú e da quella tra B e Timbuctú.

Ora, la faccenda sta cosí: questa idea di Timbuctú non ci è venuta dai fenomeni, ma da altre considerazioni. Da considerazioni religiose o, peggio, da velleità psicologiche: abbiamo desiderato tanto che tutto girasse intorno a noi! Ma, appena abbiamo incominciato a mettere le mani su leggi come quella di Newton, abbiamo visto che l'ipotesi di Timbuctú non era mai necessaria. Se fosse stata vera, in qualche legge la distanza da Timbuctú sarebbe pure comparsa, no? Altrimenti, che ipotesi è? Stufi di Timbuctú, abbiamo deciso di cambiare ipotesi, dicendo: «tutti i punti dello spazio vuoto sono equivalenti», e tutti i dati di cui disponiamo portano a leggi che ignorano tranquillamente altre possibilità. Questa affermazione è compatibile con l'uso che facciamo del concetto di spazio in *tutti* i fenomeni conosciuti. Non soltanto la gravità: anche l'elettricità, l'ottica, la fisica dell'atmosfera, i motori a scoppio e via discorrendo. Dovunque ci serva il concetto di spazio, Timbuctú non compare mai. A questo punto, ci mettiamo a sostenere che non comparirà *mai*. Neghiamo che esista. Facciamo una generalizzazione. Ecco che cosa ci dice la parola *principio*, che ho usato poco fa: c'è una bella differenza tra un principio e una legge! Il principio nega che, dati i fatti, ci possano essere altre possibilità emergenti da fatti ancora sconosciuti; la legge invece afferma che tutti i fatti di un certo tipo, e solo quelli, si possono riassumere secondo la sua formula. In tutti e due i casi, il fondamento è l'osservazione, ma la conclusione è un po' diversa. Insomma, il principio ha la pretesa di regolare il linguaggio di tutte le leggi che devono essere ancora scoperte: ma non è una pretesa dogmatica, per carità! Dice solo che, finché non salterà fuori l'evidenza di Timbuctú, non ha senso parlarne; e quindi, nel cercare le leggi adatte ai fenomeni, conviene non perdere tempo e usare l'idea di spazio omogeneo, i cui punti sono cioè tutti equivalenti, secondo il principio enunciato sopra. Tutti i fisici ragionano cosí, oggi, quasi inconsciamente; anche in casi che non si possono raccontare in modo cosí banale come quello che abbiamo appena visto. Il primo di questi casi non tanto banali fu individuato da Galilei, e si chiama 'principio di relatività', un principio che ha fatto molta strada. Passo a parlarne.

Nella seconda *Giornata* (che è una specie di capitolo) del suo libro che si intitola *Dialogo sopra i massimi sistemi del mondo* Galileo Galilei parla di un «esperimento ideale». Anzi, ne fa parlare la sua controfigura, il Salviati, all'attento signor Sagredo, che fa da spalla intelligente, mentre l'altro personaggio del dialogo, Simplicio, se ne sta zitto a pensare a quali autorevoli testi si appiglierà per negare l'evidenza. Gli esperimenti ideali sono difficilissimi da costruire: può sembrare che tra le parole *esperimento* e *ideale* ci sia una contraddizione, cioè che un esperimento non possa essere soltanto pensato ma, per essere un vero esperimento, debba essere anche fatto. Ma ognuno di noi ha già tanta esperienza accumulata in fatti comuni che, spesso, è soltanto necessario raccoglierla, ricucirla e, soprattutto, capirla da un punto di vista insolito. Diciamo che un esperimento ideale è costruito mettendo insieme tanti pezzi di esperienza comune in modo che, tutti insieme, producano una conclusione, cioè un nuovo risultato sperimentale, a cui non avremmo fatto caso di volta in volta. Gente come Galilei o come, piú tardi, Albert Einstein, che si preoccupa di farsi capire oltre che di capire, ha questo grande dono naturale di saper sfruttare tutta la cianfrusaglia delle nostre sensazioni per costruire il ragionamento scientifico. Galilei ed Einstein ci aprono gli occhi: guardate quanta evidenza e quante argomentazioni buttate, tutti i giorni, invece di rifletterci sopra! Spreconi! Ci consoliamo, mestamente, dicendo che i buoni divulgatori sono ancora piú rari dei buoni scienziati.

Galilei, ovvero Salviati, vuole convincerci del fatto che se facciamo un esperimento *qualsiasi*, da questo esperimento non salterà mai fuori se il laboratorio in cui ci troviamo è in moto rettilineo uniforme oppure è fermo. Moto rettilineo uniforme è un movimento con velocità costante, lungo una retta, senza deviazioni, rallentamenti o accelerazioni. Se ci fosse un qualche centro del mondo, qualche Timbuctú, potrebbe avere senso dire: i corpi cadono lungo la verticale se stiamo fermi rispetto a Timbuctú e invece cadono lungo una linea inclinata, piú o meno a seconda della velocità, se ci muoviamo verso Timbuctú. Ma vediamo l'argomentazione di Salviati:

«Riserratevi con qualche amico nella maggiore stanza che sia sotto coverta di alcun gran naviglio, e quivi fate d'aver mosche, farfalle e simili animaletti volanti; siavi anco un gran vaso d'acqua, e dentrovi de' pescetti; sospendasi anco in alto qualche secchiello, che a goccia a goccia vadia versando dell'acqua in un altro vaso di angusta bocca, che sia posto a basso: e stando ferma la nave, osservate diligentemente come quelli animaletti volanti con pari velocità vanno verso tutte le parti della stanza; i pesci si vedranno andar notando indifferentemente per tutti i versi; le stille cadenti entreranno tutte nel vaso sottoposto; e voi, gettando all'amico alcuna cosa, non piú gagliardamente la dovrete gettare verso quella parte che verso questa, quando le lontananze sieno eguali; e saltando voi, come si dice, a piè giunti, eguali spazii passerete verso tutte le parti. Osservate che avrete diligentemente tutte queste cose, benché niun dubbio ci sia che mentre il vassello sta fermo non debbano succeder cosí; fate muover la nave con quanta si voglia velocità: ché (pur che il moto sia uniforme e non fluttuante in qua e in là) voi non riconoscerete una minima mutazione in tutti li nominati effetti, né da alcuno di quelli potrete comprender se la nave cammina o pure sta ferma: voi saltando passerete nel tavolato i medesimi spazii che prima, né, perché la nave si muova velocissimamente, farete maggior salti verso la poppa che verso la prua, benché, nel tempo che voi state in aria, il tavolato sottopostovi scorra verso la parte contraria al vostro salto; e gettando alcuna cosa al compagno, non con piú forza bisognerà tirarla, per arrivarlo, se egli sarà verso la prua e voi verso poppa, che se voi fuste situati per l'opposito: le gocciole cadranno come prima nel vaso inferiore, senza caderne pur una verso poppa, benché, mentre la gocciola è per aria, la nave scorra molti palmi; i pesci nella lor acqua non con piú fatica noteranno verso la precedente che verso la susseguente parte del vaso, ma con pari agevolezza verranno al cibo posto su qualsivoglia luogo dell'orlo del vaso; e finalmente le farfalle e le mosche continueranno i lor voli indifferentemente verso tutte le parti, né mai accaderà che si riduchino verso la parte che riguarda la poppa, quasi che fussero stracche in tener dietro al veloce corso della nave, dalla quale per lungo tempo, trattenendosi per aria, saranno state separate; e, se abbruciando alcuna lagrima d'incenso si farà un poco di fumo, vedrassi ascender in alto ed a guisa di nugoletta trattenervisi, e indifferentemente muoversi non piú verso questa che quella parte. E di tutta questa corrispondenza d'effetti ne è cagione l'esser il moto della nave comune a tutte le cose contenute in essa ed all'aria ancora, che perciò dissi io che si stesse sotto coverta; ché quando si stesse di sopra e nell'aria aperta e non seguace del corso della nave, differenze piú e ben notabili si vedrebbero in alcuni degli effetti nominati: e non è dubbio che il fumo resterebbe in dietro, quanto l'aria stessa; le mosche parimenti e le farfalle, impedite dall'aria, non potrebber seguir il moto della nave, quando da essa per spazio assai notabile si separassero; ma trattenendovisi vicine, perché la nave stessa, come di fabbrica anfrattuosa, porta seco parte dell'aria sua prossima, senza intoppo o fatica seguirebbon la nave; e per simil cagione veggiamo tal volta, nel correr la posta, le mosche importune e i tafani seguir i cavalli, volandogli ora in questa ed ora in quella parte del corpo; ma nelle gocciole cadenti pochissima sarebbe la differenza, e nei salti e nei proietti gravi, del tutto impercettibile.

«Sagredo: Queste osservazioni, ancorché navigando non mi sia caduto in mente di farle a posta, tuttavia son piú che sicuro che succederanno nella maniera raccontata: in confermazione di che mi ricordo essermi cento volte trovato, essendo nella mia camera, a domandar se la nave camminava o stava ferma, e tal volta, essendo sopra fantasia, ho creduto che ella andasse per un verso, mentre il moto era al contrario».

Che ve ne pare? Sagredo dice onestamente: «ancorché navigando non mi sia caduto in mente di farle a posta»; e cosí diremo anche noi, che pure non navighiamo piú frequentemente, ricordando certi ingannevoli soprassalti in stazione, quando abbiamo pensato «toh! si parte», e invece era il treno accanto al nostro che andava via. I sensi, per quanto resi astuti dall'esperienza dei riferimenti, non riescono a distinguere se il moto uniforme è il nostro o quello degli oggetti mobili circostanti. Per un attimo, approfittando della nostra distrazione e del nostro sovrappensiero, siamo disposti a credere che il treno sta andando nella direzione sbagliata o, addirittura (se la stazione è di testa), verso la biglietteria!

Conviene approfittare subito di questo esperimento ideale di Galilei, per trarne qualcosa di utile per il linguaggio delle leggi. Insomma, lo star fermi o il muoversi di moto uniforme non cambia le modalità di svolgimento dei fenomeni. Magari, quello che per me sta fermo, per un altro è in moto uniforme: il concetto di quiete o di moto uniforme è impreciso, perché è relativo. Si sta fermi o ci si muove rispetto a qualcosa di concretamente materializzabile. Se invece fossimo chiusi in una sonda spaziale, in un punto remoto dello spazio, lontano da tutte le stelle, cosí lontano da non essere capaci di misurare le debolissime forze gravitazionali di queste stelle (ridotte dall'inverso del quadrato della distanza!), non sapremmo proprio dire se la nostra sonda sta ferma o si muove. Accendendo i razzi, non sapremmo se la sonda si mette in moto o si ferma relativamente a qualche riferimento esterno. Invano faremmo esperimenti dentro la cabina, per scoprire la velocità verso Timbuctú! Perché le leggi della fisica sono assolutamente le stesse in tutti i sistemi di riferimento che si muovono di moto rettilineo uniforme uno rispetto all'altro. È proprio quello che Galilei voleva dire. Ma questa è una regola del linguaggio delle leggi: scrivete solo leggi che rispettano il principio di relatività di Galilei!

Non tutti trovano ovvie queste conclusioni. Non mi sento di biasimare quelli che fanno fatica a mandar giú l'idea, ma voglio permettermi una considerazione che, forse, è molto poco scientifica perché nasce da sentimenti del tutto personali. Il principio di relatività mi fa sentire piú libero. Il pensiero di essere destinato a navigare attorno a Timbuctú, secondo un disegno che non è il mio e su cui non posso intervenire, mi opprimerebbe. La libertà è spesso solitudine, questo è vero; ma sono anche libero di cercarmi dei riferimenti concreti, rispetto ai quali decidere se muovermi o star fermo. Sono libero di costruire navi spaziali e andarmene da qui, verso luoghi nuovi nei quali mi porterò le mie leggi della fisica sapendo che sono ancora buone. Non bucherò alcuna sfera celeste, non incontrerò mostri che io non possa prevedere. Potrò avere paura, ma non di cose imprevedibili: se mi preparerò a dovere, potrò tenere tutto sotto controllo. Ma, e il tempo? Mi direte: pensi di controllare anche quello? Ebbene, penso di sí. Ma questo è un discorso piú difficile, che

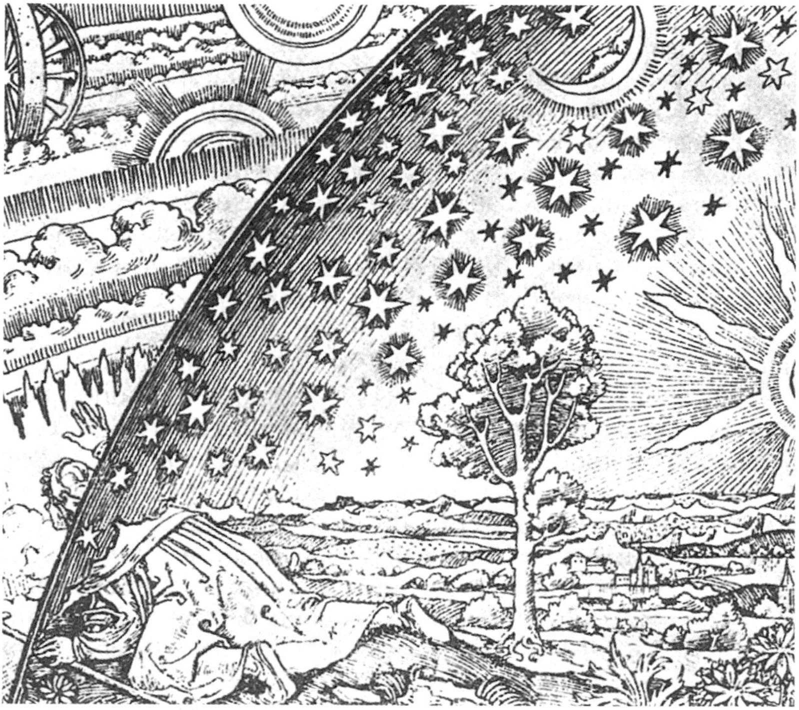

Il sogno degli antichi è stato sempre quello di guardare oltre i confini dell'universo.

vedremo piú avanti.

Meglio, per ora, che torniamo a Galilei, a Newton, al linguaggio delle leggi. È Newton a parlare esplicitamente di forza; Galilei, nel suo dialogo, parla dell'indifferenza dei fenomeni rispetto allo star fermi o al muoversi di moto uniforme lungo una retta. Indifferenza? Come si fa a ridurre in formule l'indifferenza? La questione è che con questi princípi ci si schiariscono le idee sull'uso dei concetti che via via introduciamo. Per esempio, se ci è chiaro quello che Galilei voleva dire, non ci verrà in mente di pensare che la differenza tra la quiete e il moto uniforme lungo una retta sta nella presenza di una forza. Non diremo, cioè, che un corpo si muove di moto rettilineo e uniforme perché c'è una forza che gli impedisce di star fermo e *mantiene* quel moto. Una forza fa altro. Che cosa, precisamente, se non è l'effetto di mantenere una velocità? Non è poi cosí difficile immaginarlo: una forza *modifica* il moto rettilineo uniforme, o lo stato di quiete, produce un cambiamento della velocità. Produce quella che chiamiamo una accelerazione. Che si può manifestare in tanti modi: come variazione del valore della velocità lungo la stessa direzione, ed è quello che accade quando pigiamo il piede sul pedale dell'acceleratore in un sorpasso autostradale; come variazione della direzione della velocità, ed è quello che accade quando prendiamo una curva e ci sentiamo spinti in fuori dalla accelerazione centrifuga. Oppure, nel caso piú complicato possibile, la forza produce una variazione sia del valore che della direzione della velocità, come nel caso dei pianeti sulle loro traiettorie ellittiche.

Basta tornare indietro, a pochi anni prima di Galilei, per trovare la convinzione comune che fosse la velocità l'effetto della forza, e non l'accelerazione. Il fatto è che le esperienze terrestri sono sempre un po' pasticciate, i corpi che si muovono si strofinano uno contro l'altro, strisciano, rotolano, devono vincere la resistenza dell'aria. Sembra sempre che, senza un motore, una forza motrice, i moti rettilinei e uniformi non possano durare e si spengano. E l'astrazione non è il nostro forte! Non siamo capaci di pensare alle cose bizzarre che accadrebbero se tutte queste complicazioni non ci fossero. È vero che siamo disposti a credere, se qualcuno ce lo ricorda, che non siamo capaci di fermarci scivolando in piano sul ghiaccio duro che ricopre un lago invernale. Ma non è mica un'esperienza comune, salvo forse in certi paesi del nord dove la gente ha altro da pensare.

Newton aveva fatto tutte le astrazioni necessarie. Concluse, perciò, che «l'accelerazione è proporzionale alla forza». E questa è già una riduzione in formule, benché espressa a parole. Manca di sapere in che modo è proporzionale, cosa a cui arriveremo piú in là: ma non ci vuole tanta immaginazione per capire che l'accelerazione di un corpo di grande massa sarà probabilmente piú piccola di quella di un corpo di piccola massa. È inutile rischiare di dare lo stesso calcio a un pallone e a una palla di piombo di uguale volume per verificare che il pallone schizzerà via e la palla di piombo si muoverà appena. Prima di precisare questa faccenda della massa, mi preme insistere sul principio di relatività, che ha limitato sostanzialmente la scelta della legge. L'accelerazione misura la variazione della velocità in un dato tempo: non

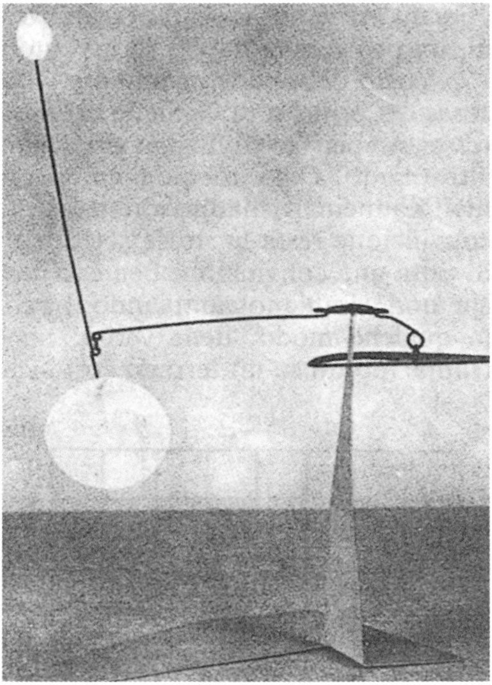

Un esempio di statica è dato dalle sculture mobili di Calder, fatte di oggetti sospesi.

dipende dal fatto che la velocità, prima di variare, fosse di 100 km/h o 1.000 km/h o zero. È una valutazione del cambiamento, ed è *solo* questo cambiamento che attribuiamo all'azione di una forza. Questo è un grande passo avanti: Newton credette opportuno farne un principio, una regola universale che, insieme con il principio di relatività di Galilei, sta alla base di tutta la cosiddetta dinamica, che è poi il cuore della meccanica, la scienza che si occupa del movimento dei corpi. Secondo la classificazione tradizionale, la meccanica è fatta della statica e della dinamica: la statica si occupa dei problemi di equilibrio, di come costruire ponti, archi e volte, delle leve per sollevare pesi con minor fatica, delle macchine semplici che aiutano l'uomo. I romani, patíti dell'ingegneria, erano maestri di statica. Ma questa classificazione è ormai vecchia e si può dire che sia uno strascico delle conoscenze antiche: chi capisce la dinamica ha anche la statica in pugno, checché ne dicano i nostri libri di testo ostinatamente antiquati (purtroppo, tanti uomini di scienza, quando scrivono, si sentono in dovere di salvare le tradizioni, un po' come quando scrivevano in latino. Che noia!).

A costo di apparire petulante, voglio riaccontare questa cosa, dei princípi di Galilei e di Newton e di come essi si intrecciano per fare il linguaggio della dinamica, ancora in un altro modo. Certi psicologi americani, Amos Tversky e Daniel Kahneman, hanno dimostrato che solo quando una convinzione resta la stessa sotto molti punti di vista, allora diventa una convinzione ben capíta. Probabilmente, le cose che non cambiano cambiando il punto di vista sono anche, in qualche modo, delle verità; ma meglio non azzardare troppe ipotesi su un terreno cosí incerto come la psicologia.

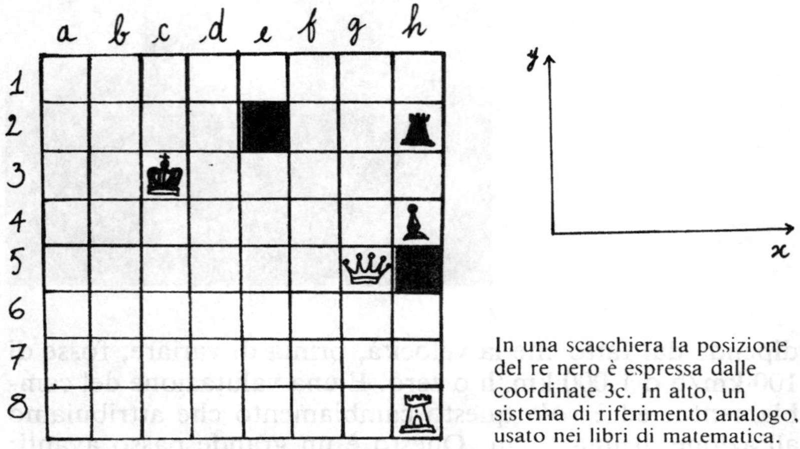

In una scacchiera la posizione del re nero è espressa dalle coordinate 3c. In alto, un sistema di riferimento analogo, usato nei libri di matematica.

Prendiamo per buona la ricetta di Tversky e Kahneman. Dunque, cerchiamo questo altro punto di vista. Sapete cosa fa uno sperimentatore, quando vuole fare un esperimento su qualche problema di movimento? Per prima cosa, si sceglie un sistema di riferimento, che comprende sia qualcosa a cui rapportare le posizioni dei corpi nello spazio, sia un orologio. L'orologio è piú facile da capire: è il nostro sistema temporale, sincronizzato con il segnale orario del luogo in cui abitiamo. Ma la sincronizzazione può essere diversa da quella di un altro paese, che ha un diverso sistema di riferimento temporale. Quando in Italia sono le cinque del mattino e spuntano le prime luci dell'alba, a New York sono le undici di sera del giorno prima.

Per la posizione dei corpi nello spazio si usa un cosiddetto 'riferimento cartesiano', in onore del filosofo francese René Descartes, che in italiano diventa Renato Cartesio, vissuto tra il 1596 e il 1650. Un riferimento cartesiano in tre dimensioni è appena piú complicato di quello in due dimensioni che usiamo per gli scacchi o per la battaglia navale. Prendete tre spigoli di una stanza, il laboratorio, partendo da un vertice, cioè da uno degli angolini in cui è piú difficile arrivare con la scopa, e supponendo che questi tre spigoli siano perfettamente perpendicolari. Se non lo sono, non è un gran guaio. La mosca M che vola nella stanza si trova, alle ore 12, 27 (minuti), 34 (secondi), 8 (decimi di secondo) in quell'angolino, che chiameremo origine del sistema di riferimento

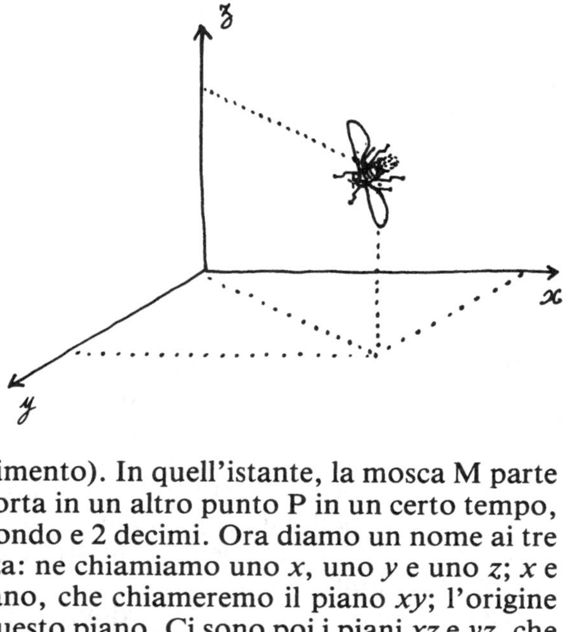

La posizione della mosca riferita a un sistema tridimensionale di coordinate x, y e z.

(per brevità: riferimento). In quell'istante, la mosca M parte dall'origine e si porta in un altro punto P in un certo tempo, per esempio 1 secondo e 2 decimi. Ora diamo un nome ai tre spigoli della stanza: ne chiamiamo uno x, uno y e uno z; x e y formano un piano, che chiameremo il piano xy; l'origine O è un punto di questo piano. Ci sono poi i piani xz e yz, che non dovreste avere difficoltà a individuare. I tre piani xy, xz e yz hanno solo il punto O in comune; i piani xz e yz hanno in comune lo spigolo z (l'asse z, secondo il gergo della geometria). Eccetera. Queste spiegazioni pignole vengono a noia a molti: il fatto è che, se uno imparasse da bambino che cos'è un riferimento cartesiano, se ne potrebbe fare a meno; come effettivamente si fa a meno di ripetere chi è Garibaldi tutte le volte che lo si nomina, magari per dire che un certo ragionamento è «alla garibaldina». Abbiate pazienza: come faccio a sapere quanti lettori hanno avuto modo di imparare i riferimenti cartesiani, oltre Garibaldi? Dunque, il punto P in cui è arrivata la mosca alle ore $12{,}27^m 36^s$ si può annotare cosí sul nostro quaderno: esso dista, per esempio, 22 centimetri dal piano yz, 37 centimetri dal piano xz, 15 centimetri dal piano xy. Chiameremo x la distanza (perpendicolare!) dal piano yz; y quella dal piano xz; z quella dal piano xy. E scriveremo cosí: $x = 22$ cm, $y = 37$ cm, $z = 15$ cm. Anzi, le osservazioni fatte sulla mosca M si possono riassumere in una tabella che incomincia cosí

tempo	posizione della mosca		
	x	y	z
$12{,}27^m\ 34{,}8^s$	0	0	0
$12{,}27^m\ 36{,}0^s$	22	37	15
....	...	...	...

e s'intende che i valori di x, y e z sono in centimetri. Avete capito perché la prima riga è fatta di zeri? Perché il punto 0, l'origine, *sta* su tutti e tre i piani di riferimento!

Ora, alle $12{,}30^m$ in punto arriva un mio collega a darmi il cambio. Io ho una gran fretta di scappare via e gli dico: «continua tu», e lo abbandono. Il poveretto non sa quale riferimento ho adoperato per fare la tabella; la mosca sta in mezzo alla stanza ed è difficile dire se gli ultimi numeri che ho scritto sono presi a partire da certe pareti o da quelle opposte. Quale sarà il piano xy? il pavimento o il soffitto? E il piano xz? quello che contiene la finestra o quello che contiene la porta? Il mio collega non sta troppo tempo a pensarci su: sceglie i *suoi* tre spigoli (coordinate), cioè il *suo* sistema di riferimento come gli fa comodo, tanto ci intenderemo poi. Quello che è certo è che le leggi del moto delle mosche, che gli ho lasciato come conclusione delle mie misure, sono buone anche per lui, perché *non* possono dipendere dal sistema di riferimento! Badate bene, le *leggi* e non i *dati*! Se tornate per un attimo alla mia tabella, da quella tabella potete ricavare «a che distanza dal punto di partenza è arrivata la mosca M in 1,2 secondi», e poco importa se il punto di

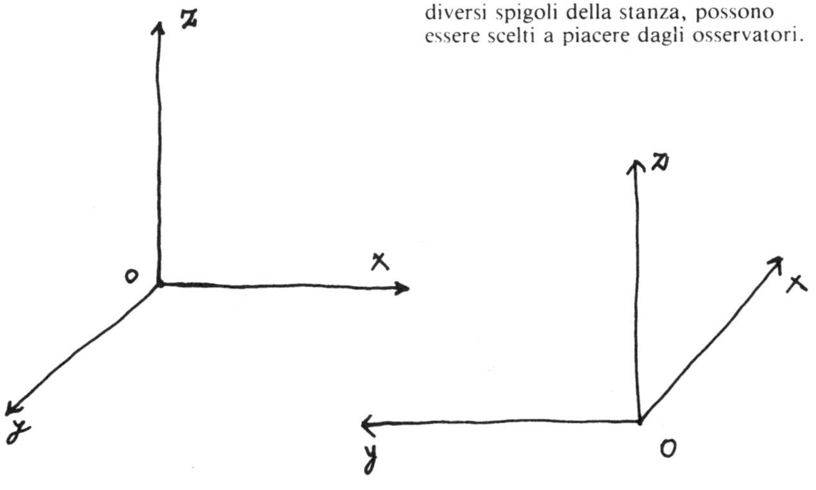

I due sistemi, materializzati da due diversi spigoli della stanza, possono essere scelti a piacere dagli osservatori.

partenza è proprio l'angolino che ho scelto io. Anzi, che ha scelto il capriccio della mosca alle 12,27^{m} 34,8^{s}.

Se non fosse cosí, addio fisica! Immaginate che le leggi della fisica siano diverse a Roma e a Milano. Be', sarebbe una vera catastrofe. I romani si guarderebbero interrogativamente: chissà se a Milano la gravitazione va con l'inverso del quadrato della distanza? Ne nascerebbero infiniti litigi: il mio sistema di riferimento è piú giusto del tuo! griderebbe ciascuno. E c'è poco da ridere, come se non fosse mai successo: che altro facevano, tolemaici e copernicani? E che altro vorrebbe dire che le leggi della fisica sono diverse in cielo e in terra? E non abbiamo forse, in altri campi, infinite dispute di questo tipo, ancora oggi? Pensate alle regole inventate dagli uomini, per esempio in campo sociale, che dipendono inevitabilmente dal sistema di riferimento ideologico o religioso. In un paese in cui la religione dominante prevede la sola monogamia, il maomettano bigamo non riuscirà ad avere la doppia aggiunta di famiglia per le due mogli a carico, perché non è prevista dalle leggi. Ma sto divagando. Almeno nel campo delle scienze naturali succede che le leggi siano indipendenti dal sistema di riferimento, anche se questa convinzione è una conquista recente e fino a non molto tempo fa c'era chi era disposto a credere che queste leggi le facesse Dio come gli uomini fanno le loro.

Il peso della luce

Trovarci in assenza di peso, come succede agli astronauti quando sono in orbita attorno alla Terra, ci darebbe fastidio. Siamo abituati a sentire le braccia attraverso la fatica che facciamo a sollevarle; e a vedere l'acqua sul fondo del bicchiere e non sparsa in goccioline vaganti per tutta la stanza. Essere senza peso, per noi, è lo stesso che cadere. Come sensazione, voglio dire. Questo fatto vi procurerà qualche difficoltà nel ragionamento sui sistemi di riferimento, specie su quelli inerziali.

Albert Einstein era rimasto molto colpito dalla vecchia osservazione di Galilei, quella dell'esperimento dalla Torre di Pisa: tutti i corpi cadono con la stessa accelerazione nello stesso campo di gravità. Provò a riformulare la cosa in un altro modo, che oggi chiamiamo 'principio di equivalenza'. Disse: è sempre possibile trovare un sistema di riferimento accelerato tale che, chi si trova in esso, non senta piú l'azione della gravità e *creda* di trovarsi in un sistema inerziale. È quello che succede nel racconto dell'astronave, dell'asteroide e del misterioso pianeta M verso il quale l'astronauta non si accorge affatto di cadere (vedi le pagine seguenti)!

Alt! Uno potrebbe dire: sissignore, tutti i corpi che pesano smettono di pesare in un opportuno sistema accelerato. Ma la luce? Mica la luce pesa! Eppure Einstein insiste: non importa che la luce non pesi nel senso solito, siamo noi che non capiamo bene la gravità. E poi, basta fare l'esperimento per vedere se il principio di equivalenza è vero per *tutti* i fenomeni fisici, luce compresa. L'esperimento fu fatto durante l'eclisse del 29 maggio 1919, utilizzando la gravità prodotta dal Sole. Il disco del Sole era ben coperto dalla Luna; vicino al bordo si vedevano alcune stelle che la luce solare avrebbe impedito di scorgere. La luce di queste stelle, per arrivare a noi, doveva passare molto vicina al Sole, dove la forza di gravità era piú intensa. Secondo Einstein, il Sole avrebbe deviato un po' i raggi di luce stellare; cioè, la luce, pur continuando la sua strada, sarebbe caduta un po' verso il Sole. Le stelle sarebbero apparse, con il Sole al centro, meno raggruppate di quanto le vediamo nel cielo notturno, senza il Sole tra i piedi. E cosí fu. Il giornale inglese *Times* annunciò la cosa con un titolone: «Rivoluzione nel-

Ma l'indipendenza delle leggi della fisica dal sistema di riferimento non si limita alla scelta degli assi. L'osservazione di Galilei è che addirittura le leggi sono esattamente identiche anche in due riferimenti in moto rettilineo e uniforme uno rispetto all'altro e non soltanto in due diversi riferimenti relativamente fermi. È quello che Salviati spiega con il suo esperimento ideale, ricordate? Ecco, l'altro punto di vista che volevo offrire è questo: rispondere alla domanda «fino a

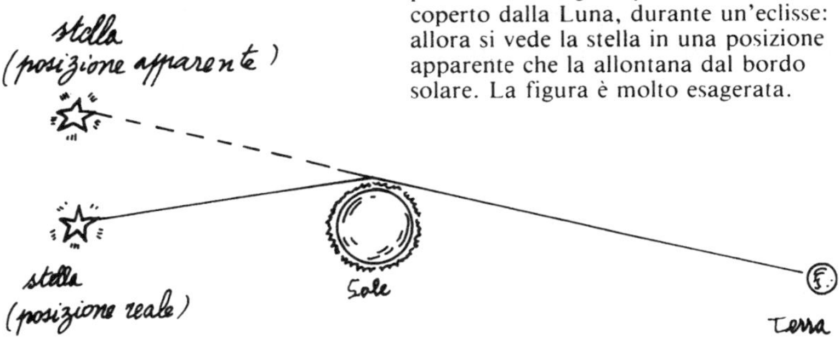

La luce che parte da una stella e arriva sulla Terra segue un cammino curvo a causa della gravità. Se non ci fosse il Sole di mezzo, si vedrebbe la stella nella sua posizione reale. Ce ne possiamo accorgere quando il Sole è coperto dalla Luna, durante un'eclisse: allora si vede la stella in una posizione apparente che la allontana dal bordo solare. La figura è molto esagerata.

la scienza. Le idee di Newton superate», ma forse il povero Newton non ci aveva nemmeno pensato.

Non è il caso di addentrarci nella difficilissima relatività generale che Einstein costruí come passo rispetto alla sua relatività speciale (riferita ai sistemi non accelerati) del 1905. Capite che, se un campo di gravità si può fare sparire mettendosi in un opportuno riferimento accelerato, si può provare a dare una descrizione completamente geometrica della gravità, cosí come si fa parlando di sistemi di riferimento. Ma voglio aggiungere una considerazione alla moda. Se la luce pesa, farà fatica a staccarsi da un astro, cosí come un'astronave fa fatica a staccarsi dalla Terra. Per sfuggire per sempre alla gravità della Terra (per non ricadere), l'astronave deve avere una velocità minima, che si chiama velocità di fuga. Questa velocità non dipende dal peso dell'astronave! È il principio di equivalenza. Dipende dalla gravità dell'astro da cui parte. E se questa è cosí forte che la velocità di fuga è proprio uguale a quella della luce? Allora nemmeno la luce esce piú! Non esce nulla: abbiamo trovato un 'buco nero'.

che punto è arbitraria la scelta del sistema di riferimento?». Ora ci siamo. Mi si dirà: ma perché non dovrebbe essere *completamente* arbitraria questa scelta, e non soltanto limitata ai sistemi in moto relativo rettilineo e uniforme? Che cosa importa se scelgo un sistema che è anche accelerato rispetto a quello che usano i miei colleghi? Questa domanda è sensata, ed Einstein ci ha lavorato sopra come si racconta nel riquadro in alto.

Ma, per il momento, possiamo capire come stanno le cose considerando la coerenza interna del nostro linguaggio scientifico. Se decidiamo di chiamare forze quelle entità che producono accelerazioni, automaticamente pensiamo che queste forze siano prodotte da qualche sorgente che si può identificare. Per capire, facciamo ancora un esperimento ideale. Anzi, idealissimo, visto che ci trasformiamo in viaggiatori spaziali e siamo nello spazio profondo, lontanissimi

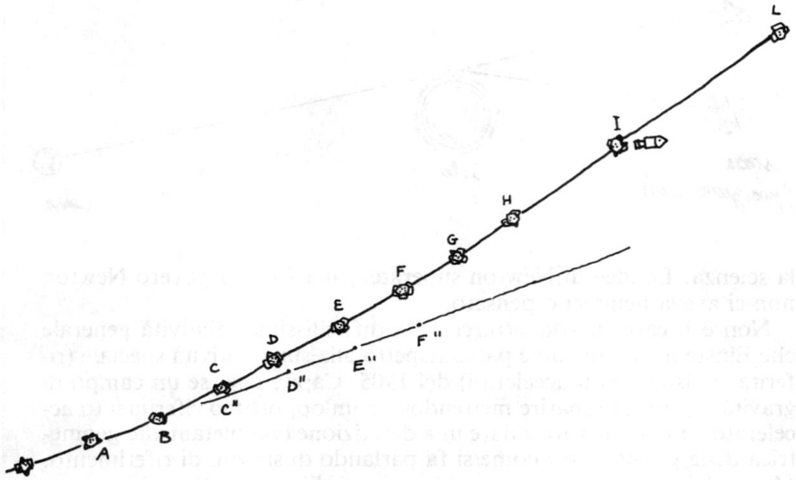

dal sistema solare. Non percepiamo alcuna accelerazione anche se da un oblò vediamo un sasso, un asteroide fosforescente, che ci sta passando vicino: è troppo piccolo per attirarci apprezzabilmente. Se noi non attiriamo lui e lui non attira noi, che cosa ci possiamo aspettare, dalla fisica? Che il nostro moto relativo sia rettilineo e uniforme. Verifichiamolo; tanto, nello spazio profondo, non abbiamo molto da fare; servirà per passare il tempo. Ed ecco che ci mettiamo a prendere misure di posizione dell'asteroide relative a noi (al sistema di riferimento costituito dalla nostra cabina, con i suoi spigoli, angolini, eccetera; basterà prolungare idealmente gli assi fuori dell'astronave). Ebbene, la traiettoria che viene fuori è come quella che mostriamo nel disegno in alto: l'asteroide da A passa in B in un'ora. Se tirasse dritto con velocità uniforme, come ci aspettiamo, dopo un'altra ora dovrebbe essere in C'', lungo la retta che passa per A e

Un asteroide sta per passare vicino alla nostra astronave (disegno a sinistra). Dai primi dati raccolti, ci aspettiamo che segua la linea ABC''D''E'', che è una retta. Invece, scopriamo che segue la curva ABCDE... Il calcolatore di bordo (disegno a destra) ricostruisce la situazione e scopre che stiamo cadendo verso M.

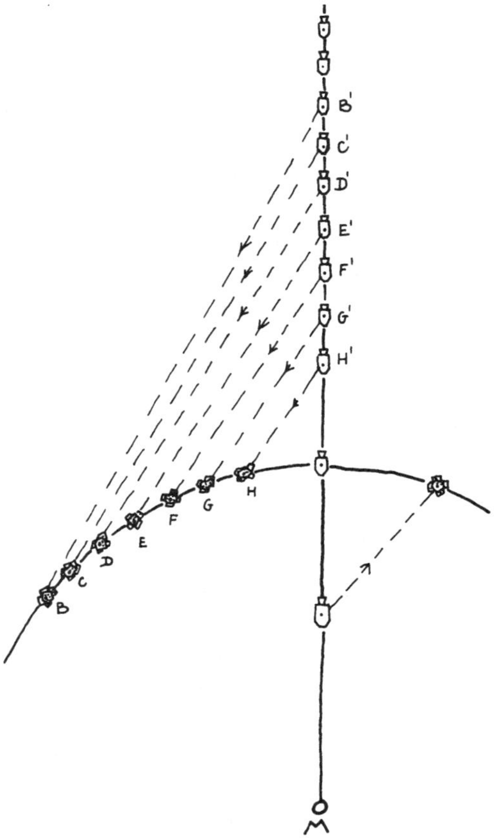

B, esattamente alla stessa distanza da B a cui B era da A. Ma l'asteroide è in C! E dopo un'altra ora è in D e non in D''! Dopo un'altra ora ancora è in E e non in E''! Ma che succede? Sta accelerando! La sua velocità aumenta, la sua direzione cambia. Ci precipitiamo al calcolatore di bordo, che ha dentro un complicatissimo programma con tutto quello che ci vuole per capire un po' meglio chi è che sta combinando tutto questo pasticcio. Il calcolatore si chiede se l'accelerazione non è per caso dovuta alla presenza di qualche grossa massa invisibile, un pianeta buio e scuro, che tiene sotto la sua attrazione sia noi che l'asteroide. Il suo responso è che tutto si chiarisce immaginando che ci sia una massa in M e che il nostro moto e quello dell'asteroide, visti da M, siano come quelli rappresentati nel disegno in alto. Stiamo cadendo su M! In E', facciamo appena in tempo ad accendere i razzi alla massima potenza e sottrarci all'azione di M.

Vedete come sta la faccenda: è verissimo che possiamo metterci nel sistema di riferimento che piú ci piace, anche in quello dell'astronave che è accelerata da M. Ma il fatto che osserviamo un asteroide accelerato rispetto a noi, che con la nostra massa non ce la faremmo a spostarlo di un palmo, ci dice che nei paraggi c'è la sorgente di una forza, M appunto, che ci sta facendo cadere e tiene l'asteroide su di un'orbita circolare. La differenza è qui: il moto rettilineo e uniforme mi assicura che intorno non c'è altro, in casi come quello che abbiamo ora studiato. Il moto accelerato, invece, mi dice di stare attento: c'è una sorgente di forza.

Per non perdere troppo tempo in esercizi numerici ho barato un po' e sono partito dalla seconda figura, quella ricavata dal calcolatore elettronico dell'astronave, e da quella ho costruito la prima, corrispondente alle presunte osservazioni dell'asteroide in transito. Ho preso tutti i segmenti AA', BB', CC', DD', EE' e ho fatto in modo che le estremità corrispondenti all'astronave, cioè A', B', C', D', E', coincidessero in un punto; che sarebbe il nostro *punto di vista*, quello rispetto a cui noi piloti spaziali stiamo fermi. Naturalmente, di ciascun segmento ho conservato sia la lunghezza che l'orientazione: le estremità A, B, C, D, E corrispondono cosí alle posizioni dell'asteroide dal nostro punto di vista. Sono quelle che osserveremmo nella realtà. Con la stessa tecnica si possono interpretare i bizzarri tentennamenti nel cielo del moto dei pianeti: visti dalla Terra, i movimenti del pianeta Marte compongono una curiosa figura, un cappio che arrovellava gli astronomi tolemaici. Ma basta diventare copernicani, cosí come lo è il calcolatore della nostra astronave, per ridisegnare una figura molto piú semplice, che tenga conto anche del moto della Terra. Se non lo conoscessimo già bene per altra via, con questo disegno avremmo scoperto il Sole! Ah, dirà qualcuno di voi, come sono facili i discorsi del senno di poi! Qui si scoprono solo cose che già si conoscono e poi ci si fanno sopra esercizi di fantascienza, con il pianeta M nero e buio, l'asteroide e il calcolatore-benefattore. Calma, calma! non avete mai sentito parlare della scoperta del pianeta Nettuno? Eccola qua.

Il 13 marzo 1781 William Herschel, un brillante organista tedesco poi trasformatosi in astronomo inglese (è conosciuto come il «padre dell'astronomia siderale»; 'siderale' vuol di-

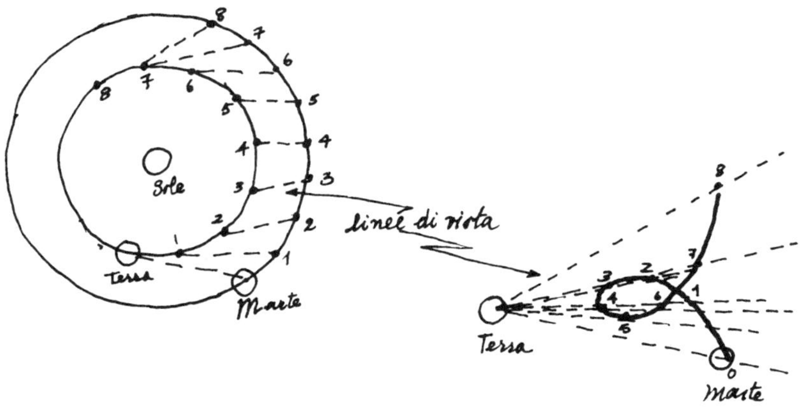

La figura a cappio descritta da Marte nel cielo, cosí come la vediamo dalla Terra. La spiegazione è semplice, se dipaniamo il cappio facendo spostare la Terra intorno al Sole tra un'osservazione di Marte e l'altra.

re "delle stelle") trovò nel cielo un oggetto in movimento piú lontano di Saturno. Dapprima pensò che fosse una cometa, poi si convinse che era un pianeta, lo chiamò Urano e, addirittura, nel 1787 trovò che aveva due satelliti. A quel punto piantò la musica e, col favore del re Giorgio III, diventò astronomo a tempo pieno. Bene, questa è una necessaria premessa. Qualche tempo dopo, nel 1846, gli astronomi Urbain Jean Joseph Leverrier (francese) e John Couch Adams (inglese) stavano studiando, uno all'insaputa dell'altro, le caratteristiche dell'orbita di Urano. Si accorsero che Urano faceva qualche stranezza, come il nostro asteroide: nel 1800 sembrava un po' piú veloce del dovuto, nel 1820 si moveva secondo le aspettative, nel 1840 appariva piú lento. Eh! questi pianeti lontani dal Sole vanno piano! In quaranta anni, Urano aveva fatto in tutto un arco di traiettoria attorno al Sole pari a poco piú di un quarto di giro completo: ci vuole pazienza a tenergli dietro. Ebbene, guardate la figura della pagina seguente, che corrisponde all'ipotesi che Leverrier e Adams fecero per spiegare queste anomalíe dell'orbita di Urano: potevano essere dovute all'attrazione gravitazionale di un altro pianeta sconosciuto, relativamente vicino a Urano. Il pianeta, che poi ebbe nome Nettuno, accelera Urano quando lo precede e lo rallenta quando lo segue, dopo essere stato sorpassato. Naturalmente, Nettuno, piú lontano dal Sole di Urano, gira piú lentamente, come ci ha insegnato a prevedere la terza legge di Kepler. L'astronomo Galle, a Berlino, puntò il suo telescopio secondo le indicazioni ricevute e, alla fine del 1846, trovò questo nuovo componente del sistema solare scoperto con il calcolo. E questa non è una favola fantascientifica! Si disse che «era il trionfo della teoria di Newton».

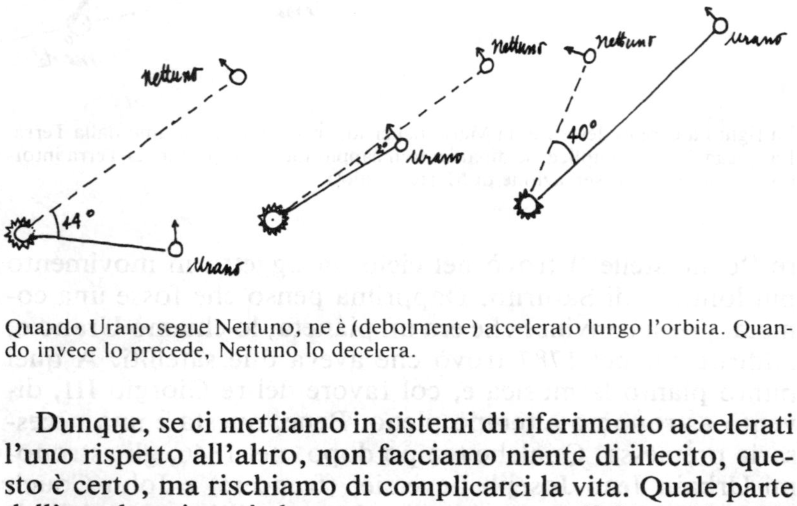

Quando Urano segue Nettuno, ne è (debolmente) accelerato lungo l'orbita. Quando invece lo precede, Nettuno lo decelera.

Dunque, se ci mettiamo in sistemi di riferimento accelerati l'uno rispetto all'altro, non facciamo niente di illecito, questo è certo, ma rischiamo di complicarci la vita. Quale parte dell'accelerazione è dovuta a una sorgente di forza identificabile e quale al nostro capriccio nella scelta del riferimento? Ci sono invece sistemi, che sono chiamati 'riferimenti inerziali', in cui a ciascuna accelerazione corrisponde una sorgente di forza identificabile; questi riferimenti inerziali possono essere in moto rettilineo uniforme uno rispetto all'altro, secondo il principio di relatività, senza che nelle leggi del movimento dei corpi vi sia traccia di queste velocità. Invece, nei sistemi accelerati, le leggi *dipendono* dall'accelerazione[1]. Ma c'è di piú: nella storia dell'astronave e dell'asteroide, come ricorderete, ce ne stavamo tranquilli nella nostra cabina, fino al momento in cui il sasso celeste

1. Vedi su questo argomento *Guida alla teoria della relatività* di Vittorio Silvestrini, «Libri di base» 32, Roma, Editori Riuniti, 1982.

compare nell'oblò. E anche dopo, la nostra agitazione appare solo psicologica: perché «fisici nati ed educati nella cabina... riterrebbero di disporre di un sistema inerziale e riferirebbero tutte le leggi della natura alla cabina stessa... Sarebbe per loro perfettamente naturale supporre che la cabina è in riposo...» (è un brano del libro *L'evoluzione della fisica* di Albert Einstein e Leopold Infeld). E invece l'astronave sta cadendo liberamente verso il buio pianeta M di cui il calcolatore non ci ha ancora rivelato la presenza!

Non è mica facile digerire questa disarmante semplicità. Abbiamo già visto che Galilei si era accorto del fatto che corpi di peso diverso cadono con la stessa accelerazione nel campo della gravità terrestre: l'esperimento delle palle dalla Torre di Pisa. Eppure tanta gente è ancora incredula di fronte a questo semplicissimo fatto. Provare, provare per credere. Insomma, generalizzando poco poco rispetto alla esperienza terrestre della gravità, basterà che crediate che corpi di massa diversa, sotto l'azione della stessa forza gravitazionale, cadono con la stessa accelerazione. Ma allora, se ricordate com'era fatta questa forza gravitazionale, proporzionale all'inverso del quadrato della distanza e al prodotto delle masse, possiamo avvicinarci rapidamente a una conclusione. Infatti: l'accelerazione di un corpo di massa m che è attratto da un altro corpo di massa M è *proporzionale*, secondo il principio della dinamica di Newton, al prodotto mM. Proporzionale vuol dire che c'è di mezzo un fattore a moltiplicare: ma questo fattore dev'essere fatto in modo che la accelerazione *non* dipenda da m, perché l'accelerazione è la stessa per tutti i corpi, di qualunque massa, che sono sotto l'azione della forza prodotta da M. Allora, ci siamo: se F è la forza di Newton, a è l'accelerazione prodotta sulla massa m da F, basterà che sia

$$F = ma$$

perché arriviamo in porto. Infatti, essendo F proporzionale a mM, il rapporto F/m, cioè a, non dipende da m. Avevamo già sospettato che la formula completa che esprime il princípio della dinamica di Newton fosse di questo tipo: vi avevo parlato di un esperimento ideale in cui si confrontava un calcio dato a un pallone con lo stesso calcio dato a una palla di piombo. Lí, a parità di calcio-forza, l'accelerazione impressa sembra diminuire con l'aumentare della massa colpita. Il fatto è che un calcio non si esprime bene mediante formule, e quindi non ci porta molto avanti; comunque, a differenza della legge di Newton, la forza-calcio non dipende da alcuna massa, ma solo dai nostri muscoli. Grazie alla formula matematica della legge di Newton, abbiamo fatto molto di piú: siamo arrivati a scrivere la celebre espressione $F = ma$ che tutti gli studenti della scuola secondaria superiore mandano, di solito, a memoria senza sapere come si usa. Fatte salve le solite eccezioni: che dovrebbero, in una buona scuola, essere la regola.

Il buio pianeta M, di massa *M*, sta attirando la nostra astronave e tutto quello che c'è dentro: noi, il calcolatore, il quaderno di bordo, l'eventuale gabbia col canarino, l'acqua potabile, il carburante. Cadiamo tutti verso M, esattamente con la *stessa* accelerazione: l'accelerazione è rispetto a M, e non tra noi e il quaderno, tra il canarino ed il calcolatore. Dentro l'astronave, tutto è relativamente quieto, continuiamo a *non* sentire il peso, come quando eravamo lontani da M, nello spazio profondo. Perché, nel nostro sistema di riferimento, la cabina, l'accelerazione del riferimento compensa esattamente la forza di gravità. Per fortuna, all'oblò ci appare il provvidenziale asteroide fosforescente, che sta facendo una traiettoria diversa dalla nostra… Il resto lo sapete già.

4. LEGGI DEL TIPO SUPER

Il re, che aveva gustato le arance offerte dal contadino, manifestò la sua approvazione con un complimento. Il contadino, contento e orgoglioso dei suoi frutti, rispose: «Maestà! Non avete visto ancora niente! queste, le diamo ai porci».
(da una barzelletta che mio padre raccontava spesso)

Quando ero ragazzo, mi chiedevo sempre che cosa poteva esserci di piú sofisticato al di là di ciò che avevo appena studiato in matematica o in fisica. In genere, me lo chiedevo troppo presto, magari subito dopo il teorema di Pitagora o le formule del moto accelerato. Ricordo, però, che un bravo insegnante di liceo, che mi aveva preso a ben volere, aveva insistito molto su due raccomandazioni: 1) cerca di riraccontarti, senza usare formule, quello che già sai, facendo un elenco dei problemi per cui potrebbe servirti; 2) cèrcati dei problemi che non si possono risolvere con quello che già sai. La prima raccomandazione deve essere usata con prudenza, perché si rischia di perderci un tempo enorme. La seconda raccomandazione indica un modo di vivere, che è quello della ricerca, e non vale soltanto per la fisica. Per amore di questo mio maestro, ho finito con il prendere in odio i discorsi in gergo stretto, anche se il mio modo di pensare è ormai pieno di formule; inoltre, curiosamente, la seconda raccomandazione mi ha portato a non sopportare i problemi artificiali, inventati dall'uomo, come le regole della burocrazia che non sembrano obbedire ad alcun principio riconoscibile mediante esperimenti. Ma ho anche molti altri difetti.

La tradizione didattica italiana, ma non solo quella italiana, è fortemente deviante. La matematica è insegnata *in sé*, in modo che non si riesce a fare un elenco dei problemi per cui potrebbe servirci senza l'aiuto di un insegnante *diverso* da quello di matematica. La fisica, al contrario, è insegnata senza badare alla formazione di una mentalità scientifica complessiva. È insegnata come un ricettario di formule legali, dando l'impressione che il modo di ragionare sia obbligato, e che non si possa nemmeno immaginare, senza questo modo di ragionare, la soluzione di un problema nuovo. Il seguente esempio ci fa capire come convenga mantenere la testa sgombra dalla roba mal digerita, e aperta, invece, a tutti i modi possibili di aggredire un problema. È dovuto a un educatore attento al problema dell'insegnamento delle scienze, Alexander Calandra.

«Un po' di tempo fa, mi capitò di ricevere una telefonata da un collega che mi chiedeva se potevo fare da giudice per quanto riguardava una domanda d'esame. Il problema consisteva nel fatto che il mio collega era intenzionato a dare zero a uno studente per una risposta a una domanda di fisica, mentre lo studente reclamava di meritare un alto punteggio. Il docente e l'allievo decisero di sottomettere la questione a un arbitro imparziale e scelsero proprio me.

«Andai nello studio del mio collega e lessi la domanda d'esame, che suonava cosí: "Descrivete come è possibile misurare l'altezza di un alto edificio servendosi di un barometro".

«La risposta dello studente fu la seguente: "Si trasporti il barometro sulla sommità dell'edificio, lo si attacchi a una delle estremità di una lunga corda, lo si cali giú fino a quando tocca il suolo, quindi lo si ritiri su misurando la lunghezza della corda. La lunghezza della corda è uguale all'altezza dell'edificio".

«Questa è indubbiamente una risposta molto interessante, ma è sufficiente per la promozione? Io feci osservare che lo studente poteva a buon diritto essere promosso, poiché aveva risposto alla domanda esaurientemente e correttamente. D'altra parte la promozione gli sarebbe servita per conseguire con un buon punteggio il diploma del corso di fisica. Inoltre il diploma dovrebbe certificare una buona conoscenza della fisica, ma la risposta alla domanda non era sufficiente a provare questa conoscenza. Per questa ragione suggerii di ridare allo studente un'altra opportunità per rispondere alla domanda in questione. Non fui sorpreso che il mio collega aderisse a questa proposta, ma fui sorpreso dal fatto che vi aderisse lo studente.

«Secondo l'accordo, diedi allo studente sei minuti di tempo per rispondere alla domanda con l'avvertimento che la risposta doveva mostrare qualche conoscenza di fisica. Siccome alla fine dei sei minuti non aveva ancora dato nessuna risposta, gli chiesi se intendeva ritirarsi e gli feci presente che dovevo badare anche a un'altra classe; ma egli mi rispose che non intendeva ritirarsi, ma che avendo in mente molte risposte, stava pensando alla migliore. Mi scusai per averlo interrotto ed egli, nel minuto seguente, rispose: "Si porti il barometro sulla sommità dell'edificio e lo si adagi sul bordo del tetto. Lo si faccia cadere giú sulla strada registrando con un cronometro a mano il tempo di caduta. Quindi, usando la formula $s = 1/2\ at^2$, si calcoli l'altezza dell'edificio".

«A questo punto, chiesi al mio collega se si riteneva soddisfatto. Mi rispose di sí e io concessi allo studente la promozione. Lasciando lo studio del mio collega mi ricordai che lo studente aveva detto che aveva in mente altre risposte possibili e gli chiesi quali fossero. "Oh sí", egli disse, "ci sono parecchi altri modi di stimare l'altezza di un edificio con l'aiuto di un barometro. Per esempio, in un giorno di sole si può portare il barometro all'aperto e misurare l'altezza del barometro, la lunghezza della sua ombra e la lunghezza dell'ombra dell'edificio; quindi, con una semplice proporzione, determinare l'altezza dell'edificio".

«"Molto bene" dissi. "Conoscete altri modi?".

«"Sí", rispose. "Ve n'è uno fondamentale che vi piacerà. Prendete il barometro e cominciate a salire le scale. Salendo riportate sul muro delle tacche corrispondenti alla lunghezza del barometro. Quindi contate il numero delle tacche e saprete l'altezza dell'edificio in unità di lunghezza del barometro. È indubbiamente un metodo molto diretto. Naturalmente, se volete usare un metodo piú sofisticato, potete legare il barometro all'estremità di una corda e, usandolo come un pendolo, misurare il valore di g al livello della strada e sul tetto dell'edificio. Si può calcolare l'altezza dell'edificio dalla differenza dei due valori di g. Inoltre, se non ci si vuole limitare alle soluzioni fisiche del problema, ci sono ancora altre risposte, come quella di prendere il barometro e di andare a suonare alla porta del Sovraintendente e di dirgli: "Egregio Sovraintendente, ho qui un bellissimo barometro. Se mi dite qual è l'altezza di questo edificio, vi regalo il barometro".

«A questo punto, chiesi allo studente se veramente non sapeva la piú semplice risposta del problema. Egli ammise di saperla, ma disse di essere cosí stufo di quel professore che cercava di insegnargli a pensare e ad essere critico, invece di mostrargli la piú intima struttura della materia studiata, che per una volta aveva deciso di prenderlo in giro» (da *Current Science*, edizione per insegnanti, 1964).

Un breve commento a questo testo di Calandra. È evidente che lo studente conosce la risposta legale pretesa dal suo insegnante, perché non dice mai che l'altezza dell'edificio si potrebbe misurare ricavandola dalla differenza della pressione atmosferica, misurata appunto dal barometro, fra la quota del tetto e il suolo. Questo procedimento, anche se legale, è comunque bizzarro e poco pratico.

Nel modo di ragionare di molti dei grandi fisici della storia si possono trovare molte analogie con la spregiudicatezza dello studente di Calandra. Si vede che serve. Serve almeno quanto una solida cultura scientifica, che è quella che possiedono i comuni *funzionari della ricerca*, come li chiamava il mio caro amico Bruno Touschek. Del resto, con il modo di ragionare per esperimenti ideali ve ne ho dato un esempio: questi esperimenti non sono da tutti, erano Galilei o Einstein a fabbricarli con facilità.

Parliamo ora di cose che sono terribilmente ingenue e, *perciò*, terribilmente complicate, perché non sembrano lasciare via di scampo alla ragione. Finché una concezione contiene punti non completamente chiariti, ci sembra attaccabile da qualche parte, c'è spazio per la ricerca alla portata di tutti. Appena tutto ci appare chiaro, questo spazio si restringe e non sappiamo piú come andare avanti. Succede come quando ero ragazzo e non riuscivo a figurarmi niente di nuovo oltre alle cose già studiate.

Una di queste sacrosante ingenuità l'aveva pensata Pierre Curie, il marito della piú popolare Marja Sklodowska con la quale aveva scoperto il radio, morto prematuramente in un incidente stradale nel 1906. Curie, con il nostro linguaggio, aveva in mente qualcosa che apparentemente abbiamo già detto: se facciamo l'ipotesi che esista Timbuctú e facciamo, *insieme*, l'ipotesi che tutto quello che succede al mondo è indifferente alla posizione di Timbuctú (è invariante rispetto a Timbuctú) allora le nostre due ipotesi non avranno alcuna conseguenza osservabile. Piú ingenuo di cosí si muore. La parola magica, qui, è *invariante*, una specie di generalizzazione della parola *costante*, della cui importanza abbiamo già parlato. Non sono esattamente la stessa cosa: per esempio, l'aspetto di una sfera è invariante sotto rotazione; non avremmo detto costante, che si riferisce piuttosto al valore numerico di qualche grandezza piú o meno complicata.

Di princípi di invarianza rispetto a Timbuctú possiamo inventarne a bizzeffe. Ma son tutti cosí scemi? No. Abbiamo visto già che le leggi della fisica sono invarianti rispetto al cambiamento da un riferimento a un altro in moto rettilineo uniforme rispetto al primo: e non era affatto una banalità. Ma, allora, ci sono princípi di invarianza utili e princípi inutili? E come si distinguono? Se posso raccontare una malignità che gira tra fisici, quelli utili sono i princípi scoperti dai fisici e quelli inutili sono quelli inventati da altri. È una malignità fino a un certo punto: ho detto *scoperti* per quelli utili (indipendentemente da chi li scopre; la malignità era lí) e *inventati* per quelli inutili. In altri termini, i princípi di invarianza che servono a qualcosa sono quelli che hanno un fondamento sperimentale. È una questione di metodo. Vi ricordate che, molte pagine fa, avevamo convenuto che la legge «tutto dipende da tutto» è certamente verissima ma inutile? Potremmo anche completarla dicendo: «tutto dipende da tutto eccetto che da Timbuctú», chiamando Timbuctú ciò che non abbiamo mai scoperto; e sarebbe altrettanto vera e altrettanto inutile. Invece ci interessa molto di piú un principio di invarianza delle leggi rispetto a qualcosa che si può identificare perfettamente: «le leggi *non* dipendono da qualcosa di ben preciso e definibile». Ma come si fa ad arrivare a tanto?

L'osservazione di Pierre Curie ha avuto un séguito solo in tempi relativamente recenti. Un fisico ungherese, Eugene Paul Wigner, nato a Budapest nel 1902 ma successivamente emigrato negli Stati Uniti, si è preso il còmpito di rendere sistematica la ricerca sui princípi di invarianza e di pubblicizzarla. Non che non se ne siano occupati anche altri, ma a Wigner va riconosciuto il merito di avere inquadrato il problema nel modo piú efficace e comprensibile. Nelle tormentate vicende che hanno portato alla seconda guerra mondiale e ai successivi conflitti internazionali, Eugene Wigner è stato uno di quelli che hanno sofferto la perdita delle proprie radici nazionali. Fuggito nell'ospitale America quando i nazisti erano al potere, è stato profondamente scosso dalle vicende d'Ungheria del 1956. Ha finito, cosí, con l'estremizzare la sua gratitudine per gli Stati Uniti, il paese che gli ha permesso di lavorare in pace.

A me sembra che una delle cose piú importanti dette da Wigner riguardi un problema di classificazione. Senza questa classificazione, non si capisce nulla. Si tratta di questo: la conoscenza del mondo si divide in due parti, o modi, ben distinguibili. Questi due modi sono: 1) il riconoscimento dello stato del mondo a un certo istante; 2) il riconoscimento delle leggi naturali che lo regolano.

Quello che ho chiamato «stato del mondo a un certo istante» non è un concetto semplice. Ci sono molte scienze diverse che se ne occupano. Per esempio, un astronomo che sta lavorando al catalogo delle stelle di un certo tipo, sta cercando di registrare quella piccolissima parte dello stato del mondo che è rappresentata da stelle di quel tipo. Uno zoologo fa la stessa cosa con le specie viventi. Naturalmente, quando diciamo «a un certo istante», non intendiamo affatto un tempo cosí precisamente definito come quello di una fotografia istantanea. Tutti i nostri tempi di osservazione

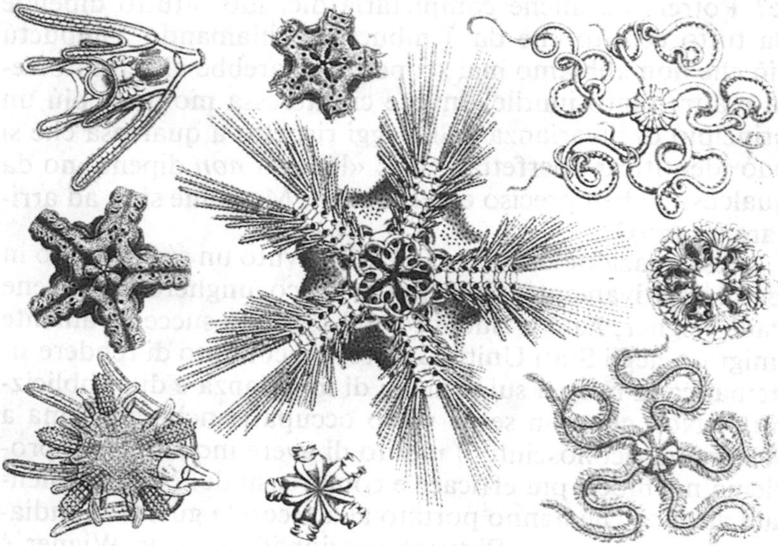

sono certamente molto brevi rispetto a quelli necessari perché avvengano cambiamenti significativi delle strutture principali intorno a noi. La Stella polare continuerà a essere il centro di rotazione apparente del cielo stellato ancora per un po' di tempo, i gatti non diventeranno tanto presto intelligenti come noi, anche se sono già piú simpatici. Aggiungo, per inciso, che i mutamenti piú rapidi sono forse quelli che produciamo noi stessi, che produce la nostra cultura: voglio dire, i cambiamenti innovativi dal punto di vista della qualità. Qualcuno, come il fisico Freeman Dyson, pensa che potremmo mettere a punto in breve tempo specie viventi, per esempio vegetali, in grado di attecchire su altri pianeti. Se non fosse per questo, lo stato del mondo a un certo istante sarebbe uno dei tanti, molto simili tra loro, che forse verranno raggiunti nel corso del tempo. Comunque, ci conviene schematizzare un po' la cosa, per intenderci meglio. Pensando allo stato del mondo a un certo istante, penseremo proprio di possedere tutta l'informazione che si può avere sui sistemi fisici a un certo preciso momento. In linguaggio tecnico, questo si chiama «conoscere le condizioni iniziali»: *iniziali* vuol dire a un certo istante, all'istante che abbiamo deciso noi di prendere come punto di partenza.

Se volessimo descrivere lo stato del mondo in tutti i suoi particolari a un certo istante, dovremmo misurare uno per uno anche oggetti complicati come questi (figura a sinistra).

La rotazione della Terra è resa visibile dalla rotazione apparente delle stelle. La fotografia mostra la rotazione vista dall'emisfero Sud (da *Catalogo dell'universo*, cit., p. 57).

Ora, le condizioni iniziali sono terribilmente complicate e non sembra possibile riconoscere in esse alcuna regolarità accurata. Wigner, nella conferenza di Stoccolma del 1964 con la quale raccontava il lavoro che lo aveva portato al premio Nobel, ha formulato la congettura che le condizioni iniziali abbiano un carattere intrinsecamente a caso. Potrà sembrare una fuga di fronte alla difficoltà il fatto che i fisici siano poco interessati alle condizioni iniziali: ma il fatto è che, per il loro studio delle leggi naturali, c'è una infinità di circostanze equivalenti da cui si può partire e non fa molta differenza partire da queste o da quelle. Per arrivare alle leggi di Kepler, non ha molta importanza che il sistema solare sia proprio quello in cui viviamo o uno degli altri possibili sistemi simili. Ci sono astronomi che si sono divertiti a ricostruire varianti del sistema solare, con l'aiuto di grossi calcolatori elettronici che permettono di seguire l'evoluzione nel tempo di configurazioni anche solo impercettibilmente diverse.

Ma ho usato una parola densa di significati, cercando di farla passare un po' sotto banco; e non sta bene. Ho detto che c'è «un'infinità di circostanze *equivalenti* da cui si può partire»: e che cosa vuol dire, *equivalenti*? Ebbene, qui sta il

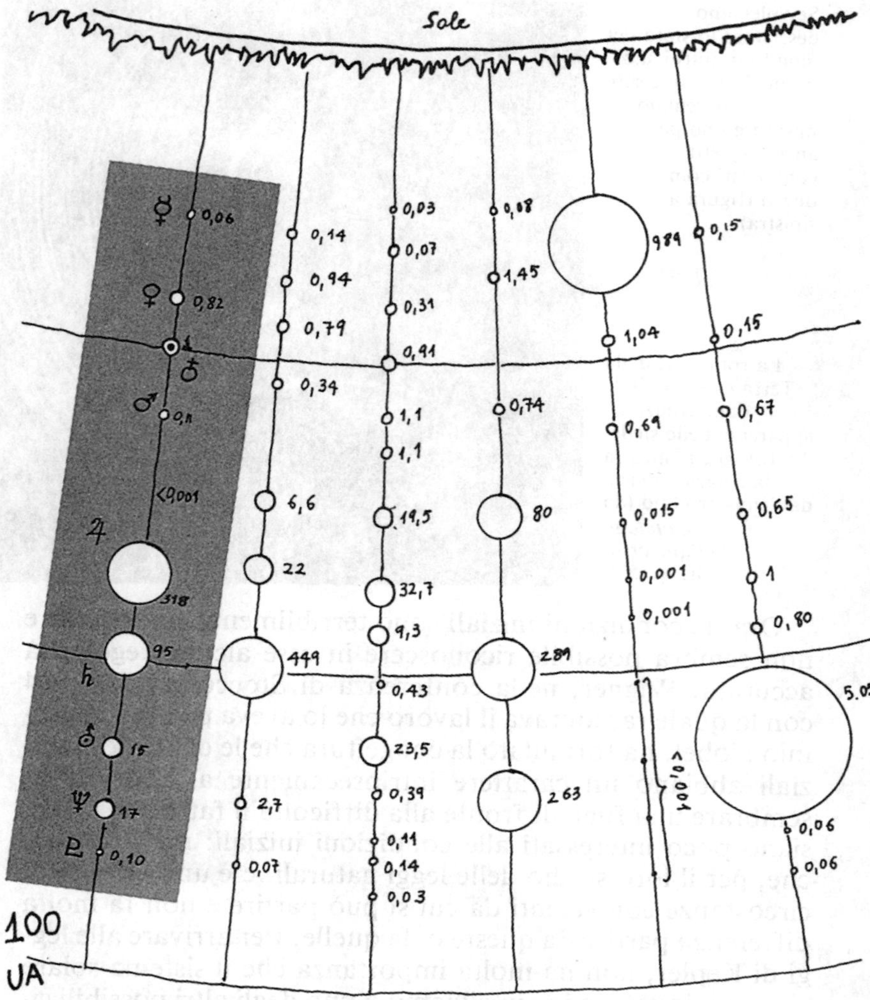

A sinistra, in grigio, il sistema solare vero. Gli altri sono sistemi possibili inventati dal calcolatore. I numeri accanto ai pianeti misurano le masse rapportate a quelle della Terra. Le distanze non avrebbero potuto essere riportate in scala perché crescono troppo velocemente. Abbiamo usato il trucco di ricorrere a una scala non uniforme: quando la distanza sulla figura raddoppia, la distanza vera è 10 volte quella di partenza.

punto: quelle circostanze sono equivalenti dal punto di vista dei princípi di invarianza, e però sono diverse dal punto di vista delle condizioni iniziali. Se riusciamo a capire bene che equivalenza *non* vuol dire identità, cioè non vuol dire che sono esattamente la stessa cosa, allora riusciremo a darci ragione del fatto che situazioni diverse sono distinguibili benché equivalenti. Insomma, i princípi di invarianza non vanno applicati direttamente alle condizioni iniziali, ma a qualche altra cosa. E quest'altra cosa sono le leggi della natura.

Facciamo subito un esempio. Supponiamo di studiare un sistema meccanico semplice. Uno dei vantaggi dell'essere uomini e del pensare sta nel fatto che possiamo fare esperimenti; e questo vuol dire che siamo in grado di preparare un meccanismo in modo che abbia certe condizioni iniziali che ci sembrano convenienti. Ecco, per la verità non saremmo in grado di preparare una stella o una galassia, ma l'universo contiene già un campionario abbastanza assortito di roba di quel tipo. Noi possiamo preparare roba piú modesta, piú casereccia: una leva, un razzo, un carretto a mano, uno sbucciapatate, una maniglia, un aereo di linea, un pallone. Ora, se il nostro sistema meccanico può essere costruito in due copie, uguali per quanto possibile, possiamo sperimentare con uno dei due in un sistema di riferimento (per esempio, oggi, a Roma) e con l'altro in un altro sistema di riferimento (per esempio fra tre giorni, a Catania). Se i due sistemi, a partire dalle stesse condizioni iniziali, funzionano nello stesso modo, seguono la stessa evoluzione nel tempo, diremo che le leggi che ne regolano il funzionamento sono invarianti rispetto al cambiamento del sistema di riferimento. Se non fosse cosí, la semplicità della fisica andrebbe a farsi benedire. Ma la comprensione di questa semplicità è possibile soltanto grazie alla precisa distinzione di Wigner tra condizioni iniziali e leggi naturali.

Come non insinuare che le leggi fatte dagli uomini non godono affatto di questa proprietà di invarianza? Sono diverse da paese a paese, da tempo a tempo: eppure, le condizioni iniziali sono completamente equivalenti. Ma è questa equivalenza che noi non vogliamo riconoscere: benché si tratti di uomini, dappertutto e in ogni tempo, riteniamo che i diritti di ciascuno possano essere differenziati sulla base di qualche principio bizzarro. Lo scrittore argentino Jorge Luis Borges ha dato una idea drammatica e ironica di questo modo di ragionare umano nella prima frase del suo racconto *Lo spaventoso redentore Lazarus Morell*. Dice Borges:

«Nel 1517 il Padre Bartolomé de las Casas ebbe molta compassione degli indios che si estenuavano nei laboriosi inferni delle miniere d'oro antillesi e propose all'imperatore Carlo V l'importazione di negri, che si estenuassero nei laboriosi inferni delle miniere d'oro antillesi».

Ricapitolando con le parole di Wigner:

«Il modo piú semplice di verificare un princípio di invarianza sarebbe quello di creare le stesse condizioni iniziali in due diversi ma equivalenti sistemi di riferimento; e di osservare se il destino successivo dei due meccanismi preparati, dal punto di vista dei due sistemi di riferimento in questione, è lo stesso. Questo non può essere fatto esattamente, ma lo si può realizzare con sufficiente precisione (approssimazione), perché esistono sistemi di estensione limitata che non sono apprezzabilmente influenzati dallo stato del mondo a essi esterno. Lo stato del mondo esterno a essi è sufficiente a distinguere i due sistemi di estensione limitata, ma non influenza il loro comportamento».

Questo, dunque, è il modo piú ovvio di verificare l'equivalenza tra sistemi di riferimento: avrete notato, nelle parole di Wigner, l'ultima frase, quella in cui dice che lo stato del mondo esterno è quello che permette di *distinguere* i due sistemi, anche se non influenza lo svolgimento dei fenomeni in essi. Ma c'è un secondo metodo per verificare l'equivalenza, che forse è meno ovvio ma è certamente comunemente usato:

«[...] i princípi di invarianza possono anche essere verificati accertandosi del fatto che leggi naturali ricavate da osservazioni ed esperimenti fatti in un certo sistema di riferimento sono valide anche in un altro sistema di riferimento equivalente».

La differenza sta nel fatto che *non* è necessario, in questo secondo metodo, creare due condizioni iniziali esattamente uguali in due sistemi diversi, ma basta trasferire le leggi del primo sistema a uno degli infiniti altri equivalenti. Ma badate che, cosí dicendo, affermiamo che in queste leggi non c'è traccia delle condizioni iniziali! Nelle leggi della fisica non c'è *mai* scritto come è fatto lo stato del mondo, anche se esse

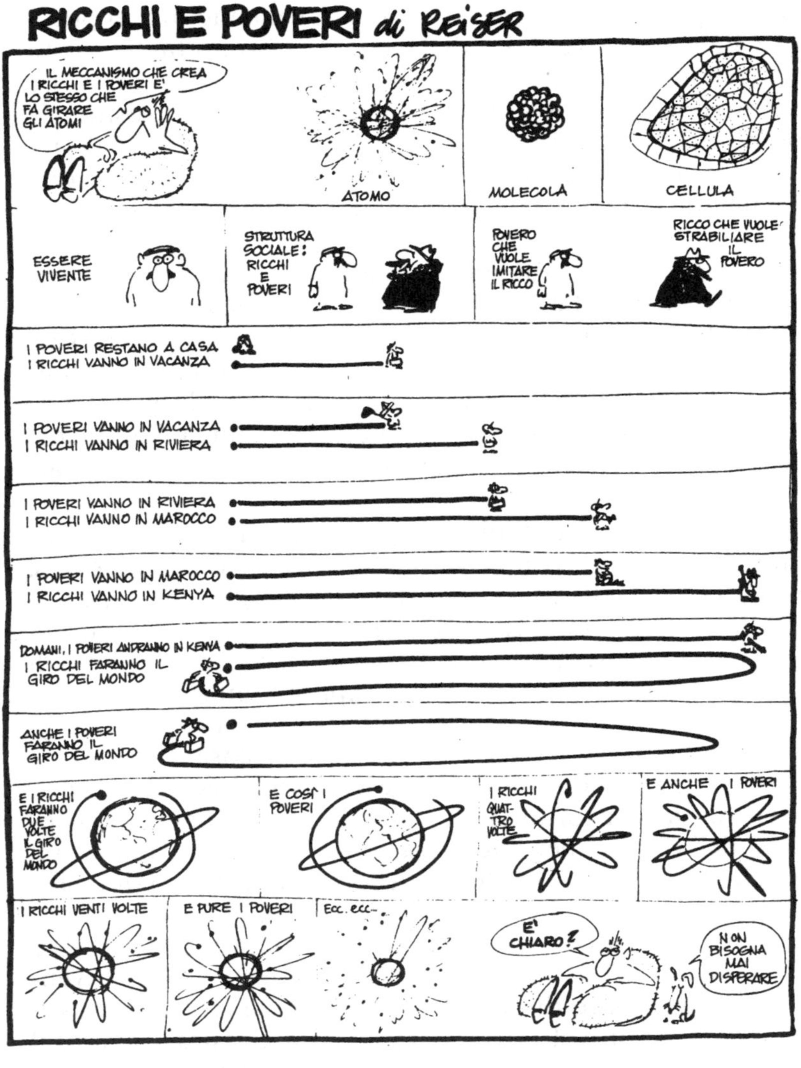

ci possono servire per predire come si svolgerà la transizione da uno stato a un altro! È la vittoria completa dei cosmologisti, quei pensatori del XII secolo di cui vi avevo parlato a proposito di Newton, che pensavano che le leggi della natura valessero dappertutto e non ci fossero leggi terrestri e leggi celesti.

I lettori che non amano i ragionamenti astratti mi diranno: ma qui si filosofeggia troppo, non veniamo mai al pratico! Che me ne faccio, io, di sapere che ci sono tanti sistemi di riferimento equivalenti? Piano, piano. Intanto, abbiamo già visto un caso che non è da buttar via tra le astrusità e le sottigliezze: il principio di relatività di Galilei. Prima abbiamo visto che i fenomeni si svolgono nello stesso modo in due riferimenti distanti e perfino (Galilei) in due sistemi di riferimento in moto rettilineo e uniforme uno rispetto all'altro (sistemi inerziali). Abbiamo quindi concluso che la prima grandezza fisica che se ne infischia della distanza relativa e della velocità relativa dei riferimenti è l'accelerazione. Prima di Galilei, pensavano tutti che fosse la velocità, e non l'accelerazione, la grandezza significativa nelle leggi del movimento. E invece no: Newton mette le mani sull'accelerazione e la visione che abbiamo del mondo cambia radicalmente.

Ma adesso vi dico di piú: supponete che la teoria di Newton sia buona, sí, ma non sia proprio perfetta. Certamente è buona per la stella Sirio come per le valanghe che vengono giú dalle montagne. Ma sarà buona anche per un atomo? I fisici hanno già scoperto che c'è una teoria piú completa, di cui quella di Newton è una buona approssimazione nel caso che si vogliano studiare oggetti sufficientemente grandi (oggetti macroscopici, come si usa dire). Che cosa è accaduto? È cambiata la teoria di Newton, cioè il principio che si esprimeva con la sua formula $F = ma$ (la forza è uguale al prodotto della massa per l'accelerazione) ma non è cambiato il principio di invarianza che c'era sotto, il principio di relatività di Galilei. Perciò il principio di Newton, che teneva conto dell'invarianza in uno dei possibili modi (quello espresso dalla formula $F = ma$), è stato un po' declassato, è diventato il fondamento di una certa categoria di teorie approssimate che va sotto il nome di meccanica classica. Invece, il principio di relatività di Galilei è sopravvissuto al cambiamento della teoria; in un certo senso, è piú forte delle teorie stesse. Adesso, immaginate che i princípi di invarianza abbiano conseguenze pratiche importanti, che riguardano direttamente le misure che si fanno. Immaginate, per esempio, che sappiamo fare vedere che il contenuto in energia di uno di quei sistemi di estensione limitata di cui parla Wigner, ben isolato dal mondo esterno, non cambia: cioè, che l'energia si conserva, in virtú di un principio di invarianza e non perché questa conservazione sia prevista come conseguenza di questa o quella teoria. Allora questa legge di conservazione dell'energia non è una legge qualsiasi, come quelle fenomenologiche o come quelle di Newton! Anch'essa sopravvive al cambiamento delle teorie! È una legge di tipo super, una superlegge.

Mostrare che una proprietà come la conservazione dell'energia è conseguenza di un banalissimo principio di invarianza e non di un insieme di altre leggi che costituiscono una specifica teoria, non è uno scherzo. Meglio andar piano, prendendola alla larga, senza lasciarsi trascinare dal gergo del mestiere. Vediamo intanto come se la cava Wigner (che però, a un certo punto, pianta in asso il lettore comune e se ne va in compagnia degli esperti):

> «Se avessimo una conoscenza completa di tutte le cose che succedono nel mondo, dovunque e a ogni istante, non sapremmo che farcene delle leggi della fisica né di quelle di ogni altra scienza. Sto facendo qui l'ovvia affermazione che le leggi delle scienze naturali sono utili perché, senza di esse, conosceremmo il mondo ancora meno di quanto lo conosciamo. Se noi sapessimo già quali sono le posizioni dei pianeti a tutti i tempi, le relazioni matematiche tra queste posizioni, che ci sono fornite dalle leggi del moto planetario, non sarebbero utili, ma potrebbero ancora essere interessanti. La loro contemplazione ci potrebbe dare piacere e forse divertimento anche senza fornirci nuove informazioni [...]. E ora, passiamo ai princípi di invarianza [...]. Se noi conoscessimo, stavolta, tutte le leggi della natura, le proprietà di invarianza di queste leggi non ci fornirebbero alcuna nuova informazione. La contemplazione dei princípi di invarianza ci potrebbe dare piacere e forse divertimento anche senza fornirci nuove informazioni. Può darsi che, se qualcuno ci proponesse una diversa legge naturale, saremmo in grado di contraddirlo piú efficacemente se questa legge non è conforme ai princípi di invarianza, supponendo che ci fidiamo di questi princípi [...]. C'è dunque una grande somiglianza tra il rapporto leggi naturali/fatti che succedono ed il rapporto princípi di invarianza/leggi naturali».

Dopo questo discorso, che precisa le gerarchie della conoscenza, il nome di superleggi riservato alle conseguenze dirette dei princípi di invarianza sembra piú che appropriato. Queste superleggi sono tutte del tipo detto di conservazione: cioè dicono che qualcosa *conserva* immutato il suo valore nel tempo, il valore che aveva al momento in cui abbiamo fotografato le condizioni iniziali del piccolo sistema fisico che stiamo studiando e che è ragionevolmente isolato dal resto del mondo. Qualunque cosa gli accada dentro: urti, scoppi, capovolgimenti, rotture, trasformazioni chimiche eccetera. È una pacchia, dal punto di vista della comprensibilità: perché l'*uso* di queste leggi super non richiede la conoscenza di matematiche complicate, basta saper fare di conto, saper fare l'inventario dell'energia, o della carica elettrica o di altre quantità meno note.

Il matematico tedesco Karl Gustav Jacob Jacobi (1804-1851) aveva intuito il problema; ma la prima esplicita formulazione la troviamo in Georg Hamel, nel 1904: «benché il suo lavoro di pioniere fosse praticamente sconosciuto, almeno tra i fisici, la fiducia nelle leggi di conservazione era cosí forte che sembrava che tutti ne avessero coscienza come di cosa ovvia» (Wigner). La cosa divenne completamente esplicita con il lavoro di una insigne specialista dell'algebra superiore, Emmy (Amalie) Noether, nata a Erlangen nel 1882 e morta nel 1935. Un teorema, che prende da lei nome (e si chiama appunto teorema di Noether), stabilisce in modo del tutto generale la connessione tra princípi di invarianza e superleggi, cioè tra invarianza e conservazione. È il teorema che mi dice, se accetto un certo tipo di invarianza, qual è la quantità che si conserva.

Emmy Noether «era sia ebrea, sia convinta pacifista, ed era stata dalla parte dei socialdemocratici nei primi tempi della repubblica di Weimar. [All'avvento del nazismo] perse subito il suo diritto all'insegnamento e il suo modesto stipendio», scrive Alan Beyerchen nel libro *Gli scienziati sotto Hitler*. «Anche dopo che ella ebbe lasciato Gottinga per Bryn Mawr (Pennsylvania, Usa), la Noether non mostrò tracce di amarezza o di malignità. Tornò perfino a Gottinga dove lavorò indipendentemente per un po' di tempo nell'estate del 1934. Essa morí nel 1935». Curiosamente, Wigner nomina pochissimo la Noether nei suoi lavori: eppure, questa donna ha messo in formule uno dei passi piú importanti della fisica moderna. Questo passo non era, però, soltanto una questione di formule ma, in un certo senso, anche una questione di mentalità. Per Albert Einstein, l'uso di princípi di invarianza era altrettanto importante che quello dei dati sperimentali, anche se i princípi di invarianza sono in buona misura un prodotto della mente. Ma vedremo anche un celebre incidente culturale, sul significato assoluto delle parole destra e sinistra, che serve per mettere in guardia contro l'eccessiva disinvoltura (non però quella di Einstein, che era molto misurata).

Prendiamo due palle da biliardo, in avorio bianco-crema levigato, che rotolano silenziose e senza apprezzabile attrito su un tavolo perfettamente orizzontale coperto dal suo tappeto verde nuovo e pulito. La forza di gravità è perpendicolare al tavolo e non ha alcun effetto importante. (Esagero, naturalmente: a causa del peso, le palle premono sul tavolo e risentono, perciò, di un po' di attrito. Ma, dato che vogliamo fare un esperimento ideale, non ci curiamo di queste piccole imperfezioni). Possiamo anche lanciarle una contro l'altra, idealmente, esattamente con la stessa velocità e in modo che i due centri delle palle si muovano esattamente lungo la stessa retta. Tac!, l'urto è avvenuto, con il caratteristico suono secco dell'avorio. Le palle invertono il loro mo-

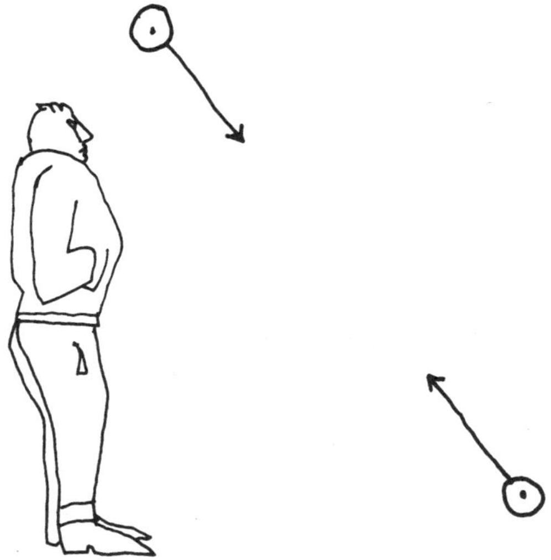

Urti fra palle nel sistema del centro di massa. In questo sistema l'osservatore è fermo.

vimento e tornano indietro da dove erano venute, esattamente con le stesse velocità. La somma delle due velocità, prima dell'urto, è uguale a zero: perché le due velocità sono uguali ma di segno opposto, le palle vanno una contro l'altra. Dopo l'urto, la somma è ancora uguale a zero, perché le due palle si allontanano con velocità uguali e opposte. Possiamo anche dire cosí: il punto di mezzo tra le due palle, che inizialmente corrispondeva a una certa posizione sul tavolo, resta in quella posizione durante tutto il moto; è anche il punto in cui si toccano nell'urto; e resta sempre lí dopo l'urto. Certo, è un punto non materializzato, un punto che si costruisce con un argomento geometrico: ma non ci impressioneremo per questo. L'importante è che si costruisca con i dati che si riferiscono alle palle. Questo tipo di urto si chiama, tecnicamente, «urto elastico centrale osservato nel siste-

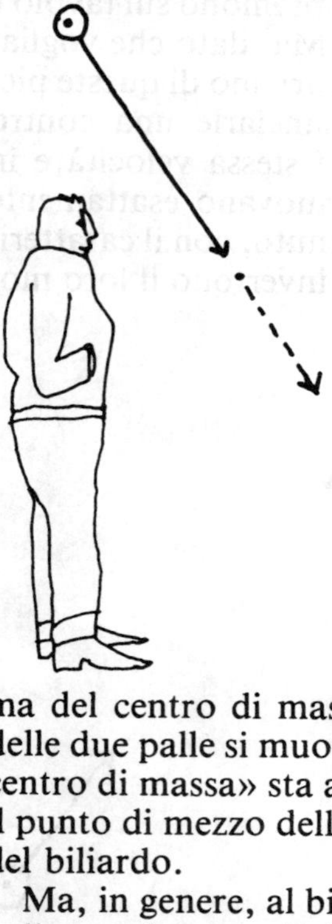

Urti fra palle nel sistema in cui una palla è ferma rispetto all'osservatore. Il centro di massa ora si muove.

Nel disegno della pagina accanto, l'osservatore si muove insieme con la palla che va incontro a quella ferma. Se la sua velocità è metà di quella della palla, vede le cose, dal suo punto di vista, come nella figura a p. 91.

ma del centro di massa»; «centrale» vuol dire che i centri delle due palle si muovono lungo la stessa retta; «sistema del centro di massa» sta a indicare, in questo semplice caso, che il punto di mezzo delle due palle sta fermo rispetto al tavolo del biliardo.

Ma, in genere, al biliardo si fanno colpi di altro tipo. Una palla sta ferma e l'altra viene lanciata contro. Anche con questa scelta delle condizioni iniziali possiamo immaginare che l'urto sia centrale, per non complicarci la vita. Cioè, la palla ferma ha il centro esattamente sulla traiettoria dell'altra, sulla retta lungo la quale viaggia il centro dell'altra. Quello che accadrà lo sappiamo benissimo. Ma, adesso, facciamo finta di non saperlo; sappiamo soltanto il risultato dell'esperimento di prima, dell'urto elastico centrale nel sistema del centro di massa. Ma già conosciamo i princípi di invarianza. E allora ci diciamo: se, invece di stare a guardare dal pavimento, osservassimo l'urto nel centro di massa *accompagnando* il moto di una delle due palle, cioè muovendoci accanto a essa esattamente con la sua velocità, quella palla, *rispetto a noi*, sarebbe *ferma*. L'altra, ce la vedremmo venire incontro con velocità doppia. Ci troveremmo esattamente nella situazione iniziale del secondo esperimento, a patto di scegliere, nel secondo esperimento, una velocità del-

la palla in moto esattamente uguale al doppio di quella di una delle palle del primo esperimento; ma questo si può sempre fare e non è importante per quello che voglio dire. Dunque, mettendoci in un riferimento in moto rettilineo e uniforme rispetto al tavolo, trasformiamo le condizioni iniziali del primo esperimento in quelle del secondo, senza toccare nulla! Quando le palle si urtano, nel sistema del centro di massa, invertono il loro moto e quella che accompagnavamo ritorna indietro. Perciò, ora ci troviamo ad accompagnare quella che ci veniva incontro con velocità doppia. Quest'ultima, insomma, dopo l'urto è ferma rispetto a noi; è stata sostituita da quell'altra. E ora, indoviniamo che cosa succede realmente se lanciamo una palla contro un'altra ferma: dovrà succedere esattamente quello che ho visto dal sistema di riferimento in moto osservando il caso delle palle lanciate una contro l'altra! Quella lanciata si ferma e quell'altra schizza via prendendone il posto; come nelle gare di staffetta. Sono passato, l'avrete notato, da un tipo di condizioni iniziali a un altro, mettendomi in due diversi sistemi di riferimento inerziali: che mi aspetto siano equivalenti dal punto di vista, appunto, delle condizioni iniziali. Non mi aspetto niente di nuovo dal secondo esperimento, perché la legge dell'urto l'ho già trovata nel primo e devo soltanto tradurla nel linguaggio di un altro sistema inerziale.

Andiamo ancora avanti. Supponiamo che la palla lanciata si sia avvicinata a quella ferma di dieci centimetri. Il punto di mezzo tra le due, allora, si sarà avvicinato a sua volta a quella ferma, di cinque centimetri, la metà. Venti centimetri la palla, dieci il punto di mezzo. E cosí via. Il punto di mezzo viaggia con velocità metà di quella della palla lanciata. Ma è naturale: stavolta, se accompagno il punto di mezzo con la sua velocità, mi ritrovo nelle condizioni del primo esperimento: le due palle mi corrono addosso da parti opposte! Ma la cosa piú importante è questa: quando la palla lanciata si ferma e quella che era ferma schizza via con la stessa velocità, il punto di mezzo tira dritto come se non si fosse nemmeno accorto dell'urto! In altri termini: in qualunque sistema di riferimento, la velocità del punto di mezzo si conserva. Se era zero prima dell'urto, come nel caso del centro di massa, resta zero dopo l'urto. Se non era zero, conserva lo stesso valore che aveva prima dell'urto. Ecco una quantità che si conserva, la cui conservazione è trasparente grazie a un principio di invarianza!

Certo, è un caso molto semplice, tutto simmetrico: due palle uguali, l'urto centrale e via discorrendo. Per esempio, nel caso dell'urto nel sistema del centro di massa, c'è una simmetria talmente forte che possiamo predire tutto senza scomodarci: se la situazione è simmetrica, lungo una retta, prima dell'urto, non c'è alcun motivo al mondo per cui debba perdere questa simmetria *a causa* dell'urto. (Sempre in condizioni ideali, beninteso, palle perfette, tavolo perfetto, lanci perfetti; con gli esperimenti ideali siamo tutti bravissimi: è per questo che li facciamo volentieri). E se si trattasse di un urto palla-boccino? Magari con velocità di valore diverso? Non vi darò dimostrazioni: quello che si trova su tutti i libri è che si può sempre costruire una grandezza, detta «quantità di moto del centro di massa», che si conserva, cioè ha lo stesso valore e la stessa direzione prima e dopo l'urto. Cosí, se un proiettile esplosivo scoppia a mezz'aria sopra la nostra testa, i frammenti si sparpaglieranno in giro, ma il loro centro di massa, che è poi lo stesso che aveva prima il proiettile, continua la traiettoria di prima. Questo centro di massa è una specie di fantasma delle condizioni iniziali, che passa indisturbato attraverso le piú complicate vicende del suo proprietario (il proiettile, le palle nel loro complesso).

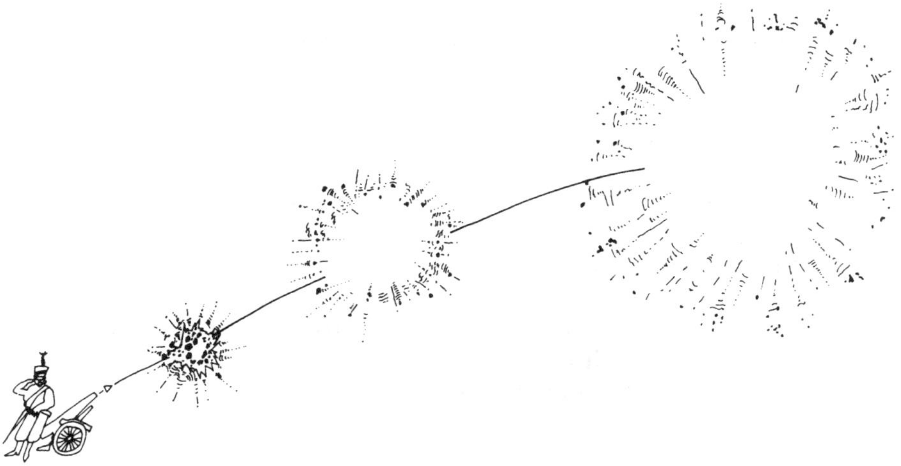

Il proiettile esplode in volo. I frammenti si allontanano dal centro di massa, ma il centro di massa segue indisturbato la sua parabola.

Se volete esercitare la vostra abilità a saltare da un riferimento a un altro, immaginate di preparare due palle uguali di plastilina invece che d'avorio e di fare un urto centrale nel centro di massa con queste. Non lo chiamerò elastico, questa volta, perché la plastilina non è affatto elastica; anzi, è perfettamente anelastica, perché quando le due palle si urtano, si appiccicano insieme e non rimbalzano affatto. E ora, immaginate di rifare l'esperimento, lanciando una palla di plastilina di velocità V contro una palla di plastilina ferma. Sapreste concludere che il risultato è quello che le due, appiccicate insieme, procedono dopo l'urto a velocità metà, cioè V/2? Non è difficile: anche qui, la velocità del centro di massa, che è il punto di mezzo (perché le palle sono uguali), si conserva.

La conservazione della quantità di moto del centro di massa è l'unico esempio che vi propongo per capire le superleggi su un caso pratico. Ci sono casi piú difficili, come quello della conservazione dell'energia, o del 'momento angolare', una quantità legata alle caratteristiche della rotazione dei corpi estesi; o ancora piú difficili, come quello della carica elettrica. L'importante è che, per ogni principio di invarianza, si trova una superlegge di conservazione che discende direttamente dal principio e non dalle teorie meccaniche usate. Vi pare che abbiamo mai tirato in ballo la teoria di Newton per descrivere gli urti di cui abbiamo parlato prima? Ma no! La descrizione che abbiano dato *deve* corrispondere alla realtà in qualsiasi teoria dell'urto. Questo fatto ha una conseguenza didattica importante, ed è che la conservazione della quantità di moto sarà vera per gli atomi *come* per le palle da biliardo che ci sono piú familiari, anche se non siamo giocatori accaniti. Perciò, finché utilizziamo soltanto princípi di conservazione, useremo lo stesso linguaggio per le palle e per gli atomi: e questo aiuta l'immaginazione, anche se non è tutto, e consente di parlare elementarmente di atomi. Altrimenti si metterebbe male, la fisica sarebbe ancora piú astrusa di quello che già sembra (ma non è, credetemi). Ma forse è tempo di cambiare argomento: chi ha avuto la pazienza di resistere fin qui avrà forse voglia, ora, di capire se ci siamo avvicinati a tutto quello che si poteva dire. Non blufferò: di strada da fare ce n'è tanta.

5. LA REALTÀ DELLA REALTÀ

... Che svenga! Abbia la solita crisi!... Qual è l'emozione di oggi?... Il suo dispetto di non essere creduto in una versione incredibile?
(da Victor Segalen, René Leys o il mistero del Palazzo Imperiale)

L'inglese John Desmond Bernal, professore di cristallografia a Londra, scomparso nel 1971, ha scritto un libro che riguarda la storia della fisica prima dell'era moderna: si intitola *L'estensione dell'uomo*[2]. Bernal cerca di far capire fin dove si può arrivare con i normali sensi; la vista, l'udito, il tatto, l'olfatto e le sensazioni termiche. Di questi, il tatto e l'olfatto sono piú o meno al punto di partenza, nel senso che i sensori artificiali funzionano peggio di un uomo o sono troppo specializzati rispetto alla mano e al naso. Ma la vista, l'udito e le sensazioni termiche hanno ceduto il passo a estensioni, cioè strumenti, infinitamente piú accurati, piú versatili e piú aperti. L'occhio umano non vede i raggi infrarossi e non misura con precisione le frequenze della stessa luce; le chiama con il nome dei colori e basta. L'orecchio del miglior musicista non percepisce gli ultrasuoni con cui si orienta il pipistrello nel suo volo. Il gomito della balia, usato con fiducia per assicurarsi della temperatura del bagno del neonato, non potrebbe dirci qual è la temperatura della superficie del Sole.

Eppure, nonostante i grandi cambiamenti strumentali che ci hanno permesso di percepire molto piú mondo di quanto non ne percepissimo con i nostri soli sensi, restiamo per lo piú attaccati all'immagine approssimativa che ci siamo formata con l'aiuto di quei sensi. Che cos'è un oggetto? Una cosa solida ben precisa, che sta in un certo posto ed even-

2. Il libro di Bernal è in corso di pubblicazione presso gli Editori Riuniti.

tualmente si muove con una certa velocità. L'oggetto del fisico, quello prediletto, è il punto materiale, che non ha tutti i fastidi degli oggetti reali ma solo le qualità essenziali: la massa, la posizione, la velocità, l'accelerazione. Un punto materiale non è né liquido, né gassoso, né molle, né colorato, né ruvido: è un punto e basta. In prima approssimazione, per uno qualunque di noi, un atomo è un punto materiale. Un gas è un insieme di punti, di atomi, che si urtano incessantemente e incessantemente urtano sulla parete del recipiente: premono, perché hanno voglia di uscire. Dài e dài, questo punto materiale è diventato il re della fisica: dovremmo avere tutti una provvista di pallini da caccia per fare esperimenti con punti materiali in una buona approssimazione. Tutti i ragionamenti che abbiamo svolto nelle pagine precedenti possono essere riferiti tranquillamente a punti materiali. Sono loro che ci hanno permesso di avere qualcosa sotto gli occhi mentre ci occupavamo di leggi. È da lí che abbiamo tirato fuori la nostra gerarchia:

— le leggi fenomenologiche, che riassumono le osservazioni;
— i princípi delle teorie, che permettono di prevedere situazioni nuove;
— le superleggi, che permettono di perfezionare le teorie senza ricominciare da capo tutto.

Ma chi ci garantisce che gli oggetti di cui parliamo sono come ce li immaginiamo? Ebbene, per quello che sappiamo oggi, una galassia è abbastanza vicina all'immaginazione corrente; un atomo, invece, no.

Nel mondo degli atomi succedono cose veramente molto strane, che gli uomini fanno fatica a digerire. Quando parlo di atomi, intendo gli atomi della chimica, ma anche tutto quello che ci sta dentro, di cui si occupa la cosiddetta fisica nucleare. Vi racconto una di queste stranezze, che è poi l'incidente culturale di cui vi avevo fatto cenno parlando dei princípi d'invarianza. Prendete un guanto *destro*, oppure la vostra mano destra, e appoggiatelo a uno specchio. L'immagine che tocca è quella di un guanto *sinistro*, o di una mano sinistra. Ma questa immagine non vi appare mostruosa, anzi vi è familiare: perché corrisponde a qualcosa che esiste in natura o che potete fabbricare. Se puntate una vite comune verso lo specchio, una di quelle viti che avanzano nel foro girando in senso orario, insomma una vite destrorsa, vedrete nello specchio una vite sinistrorsa puntata verso di voi: il verso di avanzamento della vite si è invertito, nell'immagine, il verso di rotazione no. Una vite sinistrorsa non è affatto impossibile, anche se non è comune. Potremmo essere tentati di generalizzare queste nostre osservazioni allo specchio in un principio di invarianza: il mondo è simmetrico rispetto all'operazione di inversione. Questa parola, *inversione*, indica la riflessione rispetto a un punto: si prende un oggetto, si fissa un qualche punto 0 a nostro piacere, si costruisce l'immagine dell'oggetto che è costituita da tutti i punti simmetrici, rispetto a 0, di quelli dell'oggetto. Se l'immagine, cioè l'oggetto invertito, esiste o può esistere sempre in natura, allora diremo che il mondo è simmetrico rispetto all'operazione di inversione. E cosí è, nelle esperienze comuni.

Tsung-Dao Lee è nato nel 1926 a Shangai, Chen Ning Yang è nato nel 1922 a Hofei; ora vivono negli Stati Uniti. Nel 1957 hanno preso insieme il premio Nobel per la fisica, per avere scoperto che il mondo *non* è simmetrico rispetto all'operazione di inversione. Per la verità, un esperimento eseguito nel 1928 da Cox, McIlwraith e Kurrelmeyer sembrava contraddire questo principio, ma la mentalità dei fisici dell'epoca impediva di accettare una simile eventualità: ecco l'incidente culturale, e grave pure. Questo non toglie meriti a Lee e Yang, ma non depone a favore della comunità scientifica, che non è esente da pregiudizi. Bisogna sempre avere la flessibilità dello studente che si occupava di barometri nel racconto di Alexander Calandra! Il fatto è che anche i princípi di invarianza e le superleggi che ne derivano non possono avere che fondamento nell'esperienza: gli atti di fede sono tassativamente proibiti, se hanno conseguenze pratiche. Se non ne hanno, non c'è motivo per proibirli; ma, mi pare, nemmeno per farli.

Lee e Yang conclusero che certi particolarissimi oggetti, chiamati in fisica 'neutrini', producevano sotto inversione una immagine impossibile, cioè che non esiste in natura. Situazioni in cui intervengono i neutrini e le debolissime forze attraverso cui essi si manifestano sono inevitabilmente dissimmetriche rispetto all'operazione di inversione. Queste situazioni sono ormai frequentemente osservate in fisica nucleare, dopo un primo importante esperimento di un'altra ricercatrice cinese, la signora Wu.

Non possiamo addentrarci nei particolari degli esperimenti eseguiti negli Stati Uniti e altrove, perché il numero delle difficoltà tecniche cresce a dismisura. Ma credo proprio che i concetti nuovi che voglio sottolineare si possono capire be-

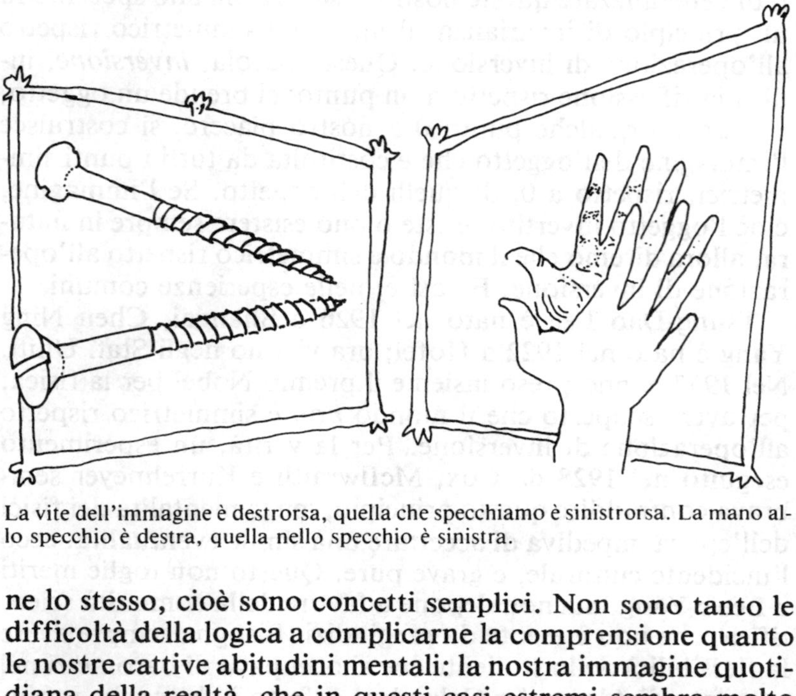

La vite dell'immagine è destrorsa, quella che specchiamo è sinistrorsa. La mano allo specchio è destra, quella nello specchio è sinistra.

ne lo stesso, cioè sono concetti semplici. Non sono tanto le difficoltà della logica a complicarne la comprensione quanto le nostre cattive abitudini mentali: la nostra immagine quotidiana della realtà, che in questi casi estremi sembra molto diversa dalla «realtà della realtà». Scusate per i giochi di parole, ma sono necessari. Ho cercato di ridurre la descrizione all'essenziale, introducendo qualche piccola esagerazione. Per esempio: questa storia del neutrino allo specchio è un po' piú complicata. L'immagine di un neutrino rappresenta un oggetto che non esiste *come neutrino*, ma non necessariamente che non esiste in senso assoluto. Che cosa vuol dire? Immaginate che un maschio, guardandosi allo specchio, veda una femmina; e, viceversa, che una femmina veda un maschio. Per i neutrini è cosí: l'immagine di un neutrino *potrebbe* essere un 'antineutrino', ma non un neutrino. Non pretenderete che vi racconti che differenza c'è tra neutrino e antineutrino! Nè vi accontentereste, se barassi dicendo che differiscono come maschio e femmina. Sono costretto a lasciare questa differenza un po' nel vago e a usare l'orribile argomento: «credetemi, c'è», cioè l'antineutrino esiste, ma ha proprietà fisiche diverse dal neutrino. Possiamo però creare facilmente un simbolo per rappresentare queste cose,

Inversione di un cavallo.

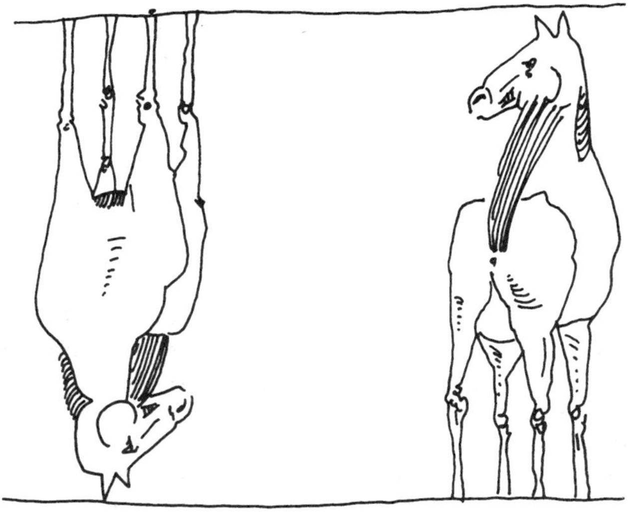

ed è questo simbolo che cercheremo di spiegare perché esso somiglia alla realtà che siamo arrivati a conoscere molto di piú delle parole con cui la descriviamo. Osservate la figura alla pagina seguente: vi sono rappresentati due pallini, uno bianco e uno nero, che però non differiscono soltanto per il colore. Attorno al pallino bianco è disegnato, in prospettiva di taglio, un cerchietto; e sul cerchietto c'è una freccia che indica il verso di rotazione. Inoltre, al pallino bianco è attaccata una freccia che ne indica il movimento verso destra. Anche il pallino nero ha la sua aureola, cioè il cerchietto che ne indica in qualche modo la rotazione: la freccia sul cerchietto mostra lo stesso verso che avevamo attribuito al caso del pallino bianco. Ma, per il pallino nero, la freccia che rappresenta il moto punta verso sinistra e non verso destra!

Ora, immaginate di mettere davanti al pallino bianco, co-

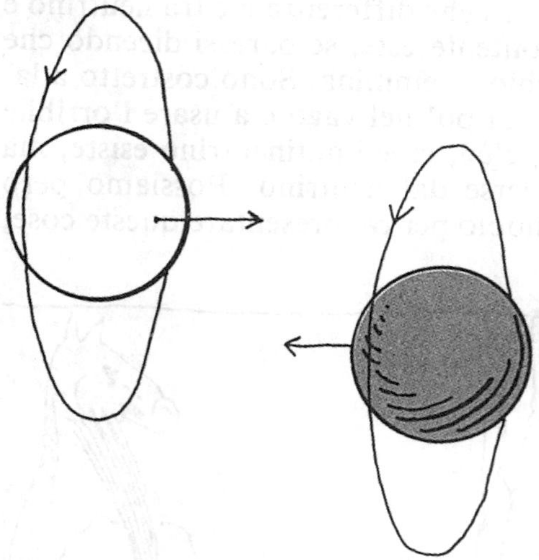

Un'immagine ingenua di un neutrino (bianco) e di un antineutrino (nero). Osservate i versi delle frecce!

me se ci si dirigesse contro, uno specchio. L'immagine è un pallino bianco che ha l'aureola che gira nello stesso modo, ma la freccia che indica la direzione dello spostamento è rovesciata. Cioè, salvo il colore, la figura somiglia, nell'immagine, a quella del pallino nero! Lo stesso scherzetto è ripetuto, sotto, per il pallino nero. Possiamo poi fare un'altra cosa: disegnare un pallino bianco e un pallino nero che si spostano nella stessa direzione. Ebbene, nella realtà dovremmo disegnare, per i due, aureole che ruotano in versi opposti: cioè le aureole dei pallini bianchi ruotano come le viti destrorse e *solo* in quel modo, le aureole dei pallini neri ruotano come viti sinistrorse e *solo* in quel modo. Le rispettive immagini non esistono perché hanno il colore sbagliato. Se volete, chiamate i bianchi neutrini e i neri antineutrini: con il colore non abbiamo fatto altro che distinguere quella proprietà misteriosa, che non è affatto un colore ma una specie di carica come quella elettrica, la quale differenzia un neutrino da un antineutrino. È in questa faccenda del colore che la rappresentazione è simbolica; lo è molto meno nel particolare dell'aureola rotante e della freccia dello spostamento: quest'ultima rappresenta la velocità di un neutrino o di un antineutrino, la prima rappresenta una proprietà di rotazione interna simile a quella delle viti o delle trottole che in lin-

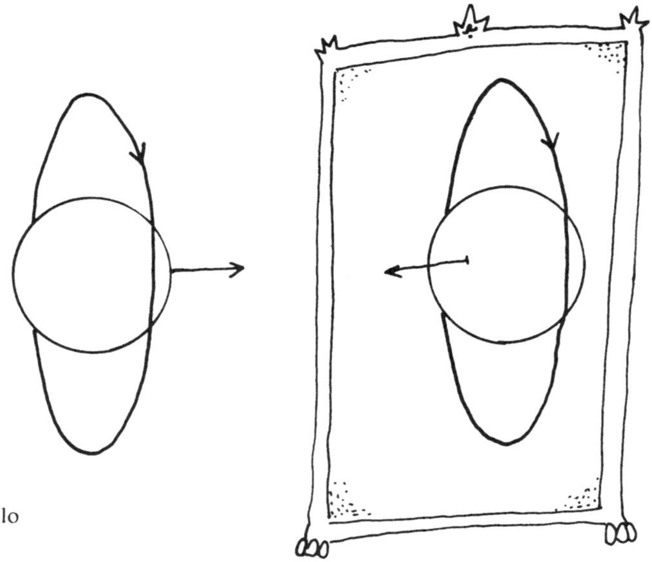

Un neutrino allo specchio.

guaggio tecnico si chiama momento angolare o *spin* (che in inglese vuol dire "rotazione"). Direte: ma questo è un rompicapo! Vi sembra complicato? Conosco tanta gente che è attratta dai rompicapo. Pensate al cubo magico di Rubik, quel giochetto ingegnoso che è stato venduto in milioni di esemplari per mettere in imbarazzo gli adulti che sono piú lenti dei bambini a ricomporre i colori sulle facce. Quello sí che è complicato. Ma è solido, lo tenete nelle vostre mani. Invece, un neutrino nelle mani non lo terrete mai.

Lungi da me il desiderio di complicarvi la vita, ma non ho ancora finito. Stiamo vedendo situazioni in cui non serve rifarsi alla vecchia fisica dei punti materiali. È vero che nel disegno ci sono molti pallini, che sono *quasi* dei punti materiali; ma intanto li abbiamo distinti in bianchi e neri, poi vi abbiamo disegnato un'aureola e una freccia dello spostamento, o della velocità. Mi direte: ma se io prendo un neutrino fermo, come faccio a capire se è destrorso o sinistrorso? Perché, per capirlo, avevo bisogno di confrontare il verso di rotazione con quello del movimento. Ma, se è fermo...

Non esistono neutrini fermi. Questo lo si capí subito, appena furono concepiti nella fisica teorica; e prima ancora che fossero osservati attraverso le reazioni, gli effetti, che i neutrini producono colpendo la materia. Enrico Fermi ave-

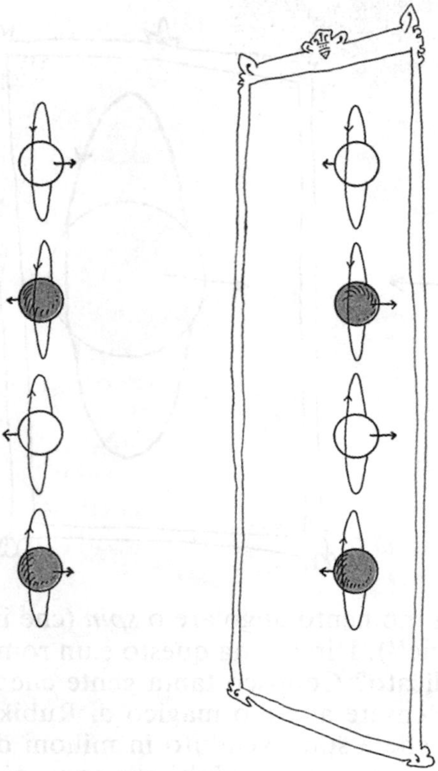

Tutte le possibili immagini di neutrini e antineutrini.

va costruito già nel 1934 una teoria soddisfacente sulla sola base dell'ipotesi dell'esistenza del neutrino avanzata da Wolfgang Pauli nel 1931. Non solo i neutrini non possono fare a meno di muoversi, ma si muovono *sempre* con la velocità della luce, cioè a circa 300.000 chilometri al secondo. In 1,3 secondi un neutrino si sposta dalla Terra alla Luna. Un neutrino prodotto sul Sole ci raggiunge in soli 8 minuti: viene da 150 milioni di chilometri di distanza. Quando credete di essere velocissimi, con la vostra auto, sull'autostrada, in realtà siete dieci milioni di volte piú lenti di un neutrino, che va a 1 miliardo di chilometri all'ora (circa: è lo stesso che 300.000 km/sec).

Si muovono sempre con la velocità della luce. Avete mai sentito parlare di luce ferma? Non credo proprio. Ma le sofferenze dell'intuizione non sono ancora finite: siamo cosí affezionati all'immagine della realtà che la realtà della realtà ci disturba profondamente. Ebbene: la velocità della luce, e dei neutrini, è sempre la stessa, per *qualunque* osservatore, fermo o in movimento che sia. Questo è troppo: vogliamo mettere in discussione il concetto di velocità? Vogliamo: è quello che ha fatto Albert Einstein con la sua teoria della relatività. Che non smentisce affatto il principio della relatività di Galilei, su cui abbiamo speso tante pagine che *non* sono da buttare, ma lo completa con una piccola aggiunta: la luce ferma non esiste. L'unico modo sensato per negare l'esistenza della luce ferma è quello di immaginare che la sua velocità sia la stessa rispetto a qualunque osservatore.

Qui stiamo andando non tanto nel difficile quanto in direzione di ciò che vi sembra innaturale. Penso a tanta gente che desidererebbe sinceramente che accadessero miracoli, che la mente sapesse piegare forchette a distanza, che ci fosse la telepatía, che esistessero i fantasmi, che i veggenti predicessero il futuro, che gli astri portassero fortuna. Penso a quelli che hanno paura dei gatti neri che attraversano la strada, che non viaggiano con le suore, che mangiano frutti in numero dispari (provassero con le lenticchie!), che non passano sotto le scale, che si legano un cornetto al portachiavi. E così via. Sono certo, certissimo, che queste realtà vi sono familiari. Se però salto fuori con questa storia della luce che va alla stessa velocità rispetto a tutto e tutti, quelle stesse

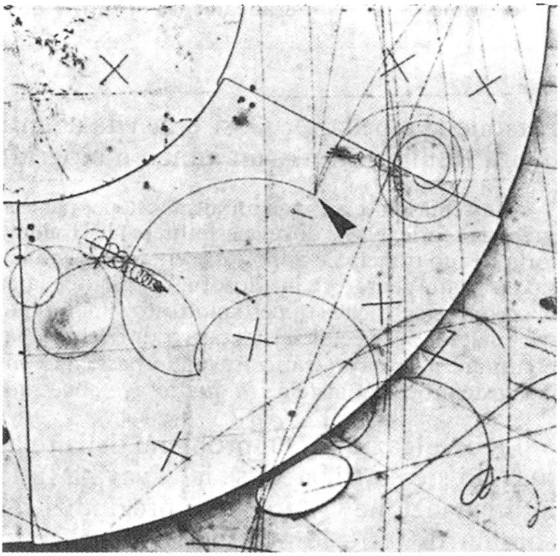

Tracce di particelle osservate in un dispositivo chiamato 'camera a bolle'. Nel punto indicato dalla freccia un neutrino ha provocato una catastrofe nucleare.

I fantasmi di De Sitter

Le idee tradizionali sono proprio paradossali! Non ci credete? Allora vi racconto un paradosso, quello dell'astronomo De Sitter. Siete proprio convinti che, sparando qualcosa mentre siete in movimento, la velocità prodotta dallo sparo e quella del vostro moto si sommeranno? Oppure, verrà fuori che il proiettile, sparato all'indietro, va piú piano perché la vostra velocità si sottrae a quella prodotta dallo sparo? Fate bene a esserne convinti, perché per velocità piccole è vero. Ma è sempre meno vero per velocità che si avvicinano a quella della luce; finalmente, per la luce non è vero affatto. De Sitter suggerí di considerare una stella doppia, cioè un sistema fatto di due stelle di cui una ruota intorno all'altra. La piccola (ma visibile) stella che gira come un pianeta attorno a quella grossa si chiama compagna (C). La grossa, principale (P). La celebre Sirio è una di queste doppie. Il piano dell'orbita di C contiene, a grandissima distanza, anche la Terra: in parole povere, dalla Terra vediamo quest'orbita di taglio. Quando C sta in C' si allontana momentaneamente da noi. Quando sta in C'' invece si avvicina a noi. E la luce che spara verso di noi? Se fosse vero quello che pensiamo di solito, la luce da C' dovrebbe essere piú lenta di quella che viene da C''. Per andare da C' a C'' la compagna C ci mette un certo tempo, mezzo periodo di rivoluzione. Se scegliamo bene, tra le tante (metà delle stelle visibili sono doppie!) la nostra doppia, può darsi che mezzo periodo di rivoluzione sia proprio uguale alla differenza di tempo che la luce piú lenta, da C', impiega per arrivare a noi rispetto a quello che impiega la luce piú veloce da C''. La luce da C'' è sparata dopo quella da C', ma arriverebbe insieme! Il che vuol dire che vedremmo C contemporaneamente in tutti e due i punti, C' e C''. Ve-

persone si ribellano. Cosí è la vita! Sentite quello che racconta Philipp Frank, un amico e biografo di Einstein:

«Einstein rimase a Praga un'altra sera per partecipare a una discussione sulle sue teorie, che si doveva effettuare all'Urania davanti a un vasto uditorio. Il suo principale oppositore era Oskar Kraus, professore universitario ed acuto pensatore in filosofia del diritto, la cui concezione sulle discussioni scientifiche era però piuttosto simile a quella di un consigliere di tribunale. Non fece alcun tentativo di ricercare la verità, ma si limitò a confutare il suo avversario trovando passaggi contraddittori negli scritti dei sostenitori di Einstein. *In questo egli ebbe successo...*».

La divulgazione, sui problemi della relatività, è difficilissima. Lo stesso Einstein se la cavava a fatica. In questo caso, la divulgazione lotta contro pregiudizi radicati, che sono la somma di tutte le nostre esperienze quotidiane, e fin qui

Una stella doppia nelle condizioni considerate da De Sitter.

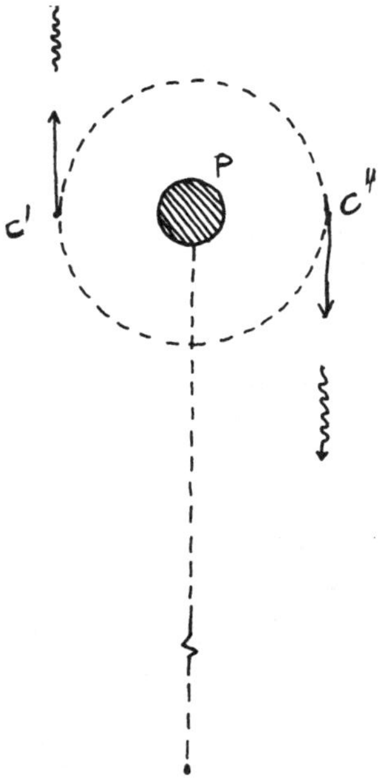

dremmo un oggetto, una stella come C, che produce fantasmi! E invece no. La velocità della luce è la stessa, per quella emessa (sparata) in C' e in C''. Vediamo P con una sola compagna, senza sdoppiamenti paradossali di C, come non bastasse che son già una stella doppia...

niente di male, generalizzate però a situazioni che con la quotidianità non hanno nulla a che fare. Soprattutto, i problemi della relatività non sembrano avere molto a che fare con l'inconscio e con i desideri sepolti di ciascuno di noi. Al piú, ci sono persone che si eccitano alla descrizione del cosiddetto paradosso dei gemelli, secondo il quale è possibile che un gemello invecchi piú in fretta di un altro in opportune condizioni relative. Ma poi si scoraggiano, quando scoprono che l'argomento è difficile e che queste condizioni relative sono molto meno accessibili di un po' di buona ginnastica, niente fumo, una dieta appropriata senza alcolici e una mano di cosmetici. Se, per apparire piú giovane di mio fratello, devo girargli intorno a poco meno di 300.000 km/sec, personalmente ci rinuncio. Tuttavia, posso fare l'esperimento sul paradosso dei gemelli con oggetti piú maneggevoli di me stesso: nel primo capitolo, a proposito delle bombe su Londra, avevamo parlato dell'esperimento sulla disintegrazione delle sostanze radioattive. Gli atomi di quelle sostanze vivono, in media, un certo periodo di tempo che si chiama, appunto, vita media. Non è molto difficile prendere questi oggetti instabili, cioè che si disintegrano, e farli girare intorno a noi a velocità prossime a quella della luce. L'esperimento è stato fatto usando una macchina costruita presso il laboratorio europeo del Cern (il Centro europeo di ricerche nucleari che ha sede a Ginevra), in cui si fanno girare certi oggetti instabili comodi da produrre con queste macchine: i 'mesoni mu'. Piú girano veloci e piú vivono a lungo. Ma la cosa che dovreste riuscire a digerire è che non è che diventino piú stabili a causa della velocità, cioè dell'influenza di questa velocità sul loro meccanismo di disintegrazione; semplicemente, il tempo per loro scorre piú lentamente che per noi! Come lo si capisce? Dal fatto che lo stesso rallentamento del tempo è verificato anche per oggetti diversi dai mesoni mu, per oggetti, cioè, che hanno un altro meccanismo di disintegrazione.

Appena si tocca il tempo la gente si impressiona. Sembra che dica o pensi: «Alt! Il tempo è uguale per tutti: questo è un diritto!» ed è come se gli aveste fregato l'orologio. Una mia carissima amica dichiara subito che non vuole assolutamente sapere di che si tratta: lei, il suo tempo, lo gestisce in altro modo, aspettando pazientemente che qualcuno passi per la strada già attraversata da un gatto nero, attirandosi cosí le future disgrazie. Il suo tempo è nelle zampe dei gatti neri, rispettabili ma ignari funzionari del destino. Insomma, il soprannaturale gode di una disponibilità di cui la relatività di Einstein non godrà forse mai. È un segno preciso della cultura in cui *ancora* viviamo, la cultura dell'insicurezza e del rifiuto della ragione, che offre il passatempo di sentirsi al centro di una attenzione cosmica non meglio identificata: l'attenzione che ci rivolgono da Timbuctú.

Ma torniamo ai neutrini. Ricapitolando: si tratta di oggetti marcati da una qualità (neutrino *o* antineutrino) che determina il loro carattere destrorso o sinistrorso. Viaggiano alla velocità della luce, possiedono energia e quantità di moto e si portano dietro questa proprietà simile alle rotazioni che abbiamo chiamato *spin*. Questo *spin* non si può annullare: è sempre esattamente lo stesso, per tutti i neutrini dell'universo. La quantità di rotazione dei neutrini non conosce altri valori che quello: è, come si dice, quantizzata. Ditemi voi se questi neutrini assomigliano all'immagine della realtà che abbiamo comunemente in testa! La realtà della realtà si sta rivelando, con il passare degli anni e con l'aumentare delle conoscenze, talmente lontana dalle osservazioni abituali da farci dubitare di tutto. Il linguaggio delle leggi non sta piú al confine del linguaggio comune: diventa un insieme di simboli matematici che solo gli specialisti riescono a capire. Ma questo non vuol dire affatto che la fisica è astratta: se il suo linguaggio fosse piú diffuso, la gente saprebbe esattamente a che cosa si riferisce, capirebbe, cioè, che è un linguaggio degli oggetti. È solo che questi oggetti non sono come le penne stilografiche o le scarpe o le polpette o i pallini da caccia. E tuttavia, per oggetti come i neutrini, il linguaggio della fisica moderna è preciso e inequivocabile, una volta che lo abbiamo studiato. La difficoltà sta solo nel fatto che, mentre per un italiano che studia il francese le regole e il vocabolario sono semplici perché c'è una corrispondenza stretta tra quello che impara e quello che già sa, per uno che studi la fisica questa corrispondenza non c'è. Pensate a una lingua che sia tutta fatta di modi di dire: in italiano diciamo «di punto in bianco» e sappiamo cosa vuol dire; se traducessimo in inglese *of point in white*, nessun inglese ci capirebbe. Cosí, la traduzione letterale del linguaggio della fisica nel linguaggio comune è quasi sempre priva di senso. Ho fatto salti mortali per rendere l'idea del significato di una frase come «lo *spin* di un antineutrino è quantizzato». Ma, seppure ci sono riuscito, questa idea non ha nessun significato operativo per chi non conosca l'uso pratico di queste parole. Chi lo conosce, può anche progettare un esperimento sui neutrini. Chi non lo conosce può, al piú, rendersi conto del tipo generale di problemi che si incontrano studiando le strutture come gli atomi o piú piccole. Se però la scuola fosse meno antiquata, pedante, noiosa, se i professori non confondessero la temperatura a cui bolle l'acqua con una legge della fisica, se i matematici fossero un po' piú flessibili ed esplorassero gli usi del loro linguaggio, se e se e se... Ci siamo capiti. Ma non succede nulla: domina ancora un forte desiderio di stirac-

Destra, sinistra e parità

Prendete un pezzo di ferro, una sbarretta. Avvolgeteci attorno un filo elettrico, fate una bobina. Attaccate i capi del filo a una pila. Avete fatto una elettrocalamita: la sbarretta si è magnetizzata, ha acquistato un polo Nord (N) e un polo Sud (S). Avvicinando una bussola, di quelle che si comprano dal cartolaio, potrete constatare che il polo N è quello che attira l'estremità dell'ago che indica il Nord, mentre respinge l'altra estremità. E ora, guardate la vostra elettrocalamita allo specchio. Nell'immagine, la corrente gira in verso opposto a quello in cui gira nell'elettrocalamita reale. *Perciò*, i poli N e S dell'immagine sono scambiati! L'immagine di un polo Nord è un polo Sud! Buffo, no? Ma non c'è niente di anomalo perché l'elettrocalamita dell'immagine è un oggetto che può esistere anche nella realtà: basta che costruiate una bobina avvolta nell'altro senso attorno alla sbarretta, ed è fatta. Invece, con i neutrini questo non è possibile: pensate all'aureola come l'analogo della bobina, al verso di rotazione dell'aureola come l'analogo del verso della corrente; e, per completare l'analogia, pensate che l'elettrocalamita sia in movimento, come i nostri neutrini che non stanno mai fermi. Ecco, l'immagine di un neutrino *non* si può costruire in alcun modo, perché quello che vediamo nello specchio è possibile *solo* immaginando che sia cambiata qualche altra *qualità* dell'oggetto. Una qualità tale che, se si studiano fenomeni prodotti da neutrini nella materia, per esempio, reazioni nucleari, questi fenomeni sono diversi da quelli prodotti da antineutrini. La «roba» che esce da una reazione nucleare prodotta da neutrini è diversa da quella che esce da reazioni provocate da antineutrini. Questa qualità, che distingue un neutrino da un antineutrino, può essere comunicata a parole, senza bisogno di fare convenzioni. Per esempio, dando certe istruzioni su come osservare la disintegrazione di un atomo di cobalto: in certe condizioni, la disintegrazione appare visibilmente destrorsa, a causa dell'emissione di neutrini. Se dovessimo comunicare all'abitante di un altro pianeta, con cui non ci siamo ancora incontrati, da che parte portiamo il cuore in petto, potremmo dirgli: fai un esperimento con il cobalto cosí e cosí, guarda il verso di rotazione che quell'esperimento ti fornisce, e capirai che cosa chiamiamo destra e che cosa chiamiamo sinistra. Sa-

chiare il linguaggio comune per dire cose inquietanti o che sembrino tali. Come faceva il mago-alchimista Rhases di Bagdad, quando dava la ricetta per la miracolosa pietra filosofale dicendo: «prendi qualcosa di ignoto, nella quantità che vuoi».

Addio semplici e informi punti materiali. Non mi occorrete piú, se non quando devo risolvere problemini tradizionali; cioè, servite ancora moltissimo, ma non per capire cose nuove. Devo darvi uno *spin*, devo darvi qualità colorabili, avete

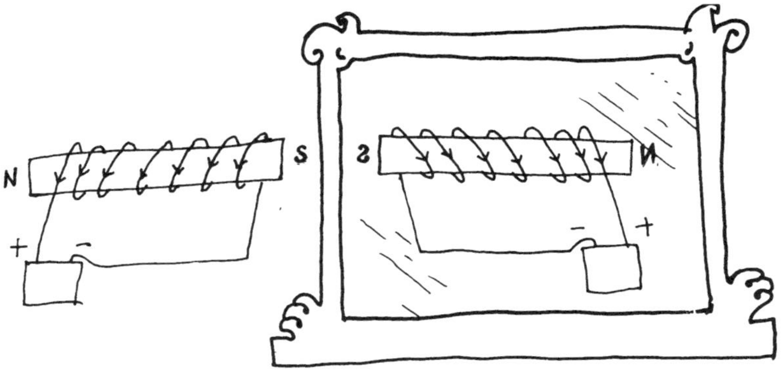

L'immagine di una sbarretta di ferro magnetizzato mediante una bobina ha i poli scambiati, come si può capire dal fatto che la corrente, nell'immagine, gira in verso opposto.

rebbe come fornirgli un campione assoluto di destra (e, quindi, di sinistra). Invece, di solito, chiamiamo convenzionalmente destra la mano che sta dalla parte opposta al cuore. Ma non ci servirebbe a spiegare al marziano qual è la destra, perché lui e i suoi simili potrebbero avere il cuore dalla parte opposta!

Che cosa succede se il mondo *non* è simmetrico per inversione? Cade un principio di invarianza. Ma cade anche una superlegge, di conservazione, in cui credevamo. E qual è? È la cosiddetta conservazione della parità: la parola *parità*, in fisica, non è usata come equivalente di uguaglianza (come nell'espressione: «parità di diritti»), ma per distinguere il comportamento sotto l'operazione di inversione. La parità è, convenzionalmente, positiva o negativa a seconda che l'oggetto appaia, dopo l'inversione, sovrapponibile o meno a quello originario. Pensate ai guanti, o alle bobine. Se la parità si conservasse, un oggetto isolato non potrebbe cambiarla spontaneamente col passare del tempo. Ma, come hanno mostrato Lee e Yang, non è cosí quando intervengono i neutrini.

il vostro tempo personale, siete in concorrenza con la luce e, per di piú...

Nel 1927, Joseph Clinton Davisson, un fisico americano nato nel 1881 e morto nel 1958, stava lavorando con il suo collaboratore L.H. Germer allo studio di una superficie di nichel, un metallo molto diffuso (usato un tempo per certe monetine, che si chiamavano, appunto, «nichelini»). La tecnica usata era quella di mandare un fascetto (o pennello) di elettroni, come quelli che illuminano il vostro televisore pro-

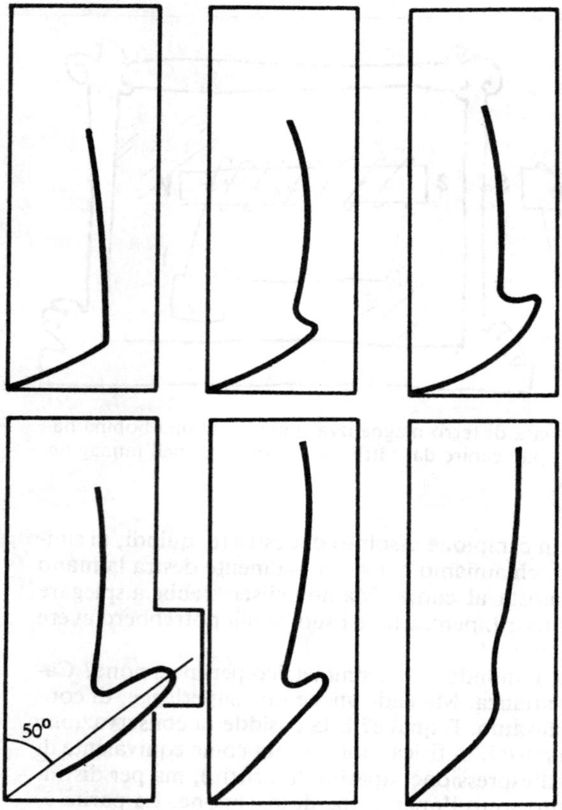

Le intensità osservate ai vari angoli da Davisson e Germer sono proporzionali alla lunghezza del segmento dal vertice a sinistra in basso. A ciascun diagramma corrisponde una diversa energia degli elettroni.

ducendo le immagini per bombardamento dello schermo, sulla superficie di nichel. Il pezzo di metallo da studiare era stato lavorato a dovere, con le solite tecniche di lavorazione meccanica dei metalli. Metallo e fascetto di elettroni stavano sotto vuoto, come nel tubo del vostro televisore. Se non si lavora sotto vuoto, gli elettroni si disperdono e le superfici metalliche si sporcano, assorbendo gas e vapori. Le prime misure non sembravano per la verità molto eccitanti, tutto procedeva bene e non si manifestavano fenomeni d'aspetto curioso.

Un giorno, a causa di un errore di manovra, rientrò aria nel dispositivo. La superficie di nichel si ossidò. Che fare? Per riavere una superficie di nichel puro, Davisson e Germer misero il loro pezzo di metallo in un forno sottovuoto a temperatura molto elevata. La sporcizia evaporò, il nichel sembrava tornato allo stato iniziale, fu rimontato al suo posto e le misure ricominciarono. Ma stavolta i risultati non erano affatto simili a quelli di prima. Anzi, sembravano curiosi, molto ma molto curiosi. Era come se gli elettroni del fascetto si comportassero non come pallini, proiettili, ma come onde! Facevano le stesse cose che fanno i raggi X, un particolare tipo di onde elettromagnetiche di alta frequenza, quando vengono inviati sulla superficie di un cristallo. Non si trattava di errori di manovra, tutto era perfettamente ripetibile. Osservando il numero di elettroni che veniva riflesso dalla superficie di nichel, come in uno specchio, a vari angoli e a varie tensioni del cannoncino elettronico (sempre come quello del vostro televisore! Non buttate il televisore rotto, andate a guardare come è fatto l'interno del tubo, senza farvi male con i vetri!), Davisson e Germer vedevano forti cambiamenti di intensità; come quelli che si osservano nella 'diffrazione' (cambiamento di forma) di onde su ostacoli regolari (cristalli, per esempio, per i raggi X). Riconsiderando tutto quello che era stato fatto dopo l'incidente del rientro d'aria, i due riconobbero che il cambiamento piú importante era questo: il blocco di nichel, riscaldato ad alta temperatura, era diventato un grosso cristallo metallico. Invece, nelle prime misure, probabilmente a causa della lavorazione meccanica, il blocco era composto di un numero grandissimo di cristalli accostati a casaccio. La superficie, benché di nichel puro, era rotta, irregolare. La ricottura a caldo aveva consentito ai cristallini di riassestarsi e di ricomporsi in un unico cristallo. Ed ecco che, su un cristallo, gli elettroni si comportavano come raggi X.

Fino a quel giorno, nonostante fosse già nata una versione preliminare della meccanica quantistica, cioè di quella meccanica, piú perfezionata di quella di Newton, che era applicabile anche agli atomi, gli elettroni erano stati trattati come punti materiali, provvisti di massa e di carica elettrica. È vero che un giovane fisico francese, Louis De Broglie, aveva dichiarato nella sua tesi di laurea che tutti gli oggetti materiali sono in realtà onde: era il 1925, un po' presto perché ci si credesse. Ma, ora, l'esperimento di Davisson e Germer sembrava in perfetto accordo con le idee di De Broglie! E inoltre, Erwin Schroedinger e Werner Heisenberg stavano sviluppando la nuova meccanica in un modo che faceva apparire assolutamente necessaria l'idea di De Broglie. È la meccanica quantistica nella forma che oggi conosciamo: in essa, il punto materiale è definitivamente scomparso. Paradossalmente, gli oggetti piú piccoli che conosciamo tutto sono meno che punti; invece, i punti materiali sono una buona approssimazione per gli oggetti piú grossi, i pianeti, le stelle, per non parlare dei corpi che cadono.

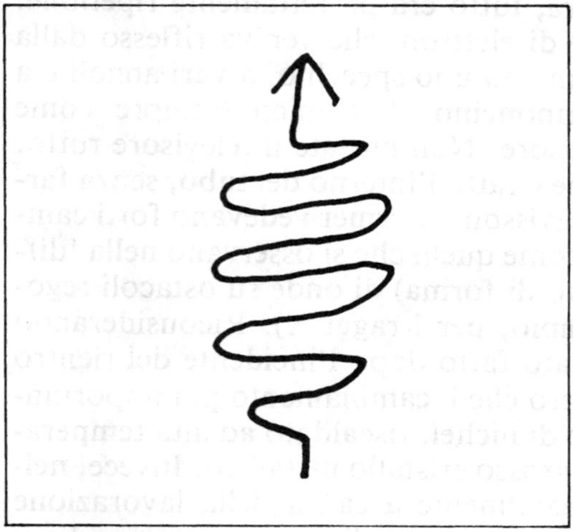

Questo sgorbio rappresenta un elettrone meglio di un pallino!

Ma se un elettrone non è un punto, come si fa a dire *dove* sta e con quale velocità viaggia? Perché, un'onda non sta in un posto preciso... Heisenberg si rese conto del fatto che questa difficoltà dell'intuizione comune era anche fonte di conseguenze strane. Arrivò a formulare una legge che, per la fisica, era nuova di zecca: il cosiddetto 'principio di indeterminazione' o principio di Heisenberg, come preferite. Questo principio dice che possiamo ancora immaginare l'elettrone o qualsiasi altra cosa come un punto materiale, purché non pretendiamo di sapere contemporaneamente dove sta e con quale velocità si muove. L'indeterminazione è intrinseca, ed è caratteristica di tutti i sistemi che si comportano come onde. Anche della luce, dei raggi X, delle onde radio. Anche di queste cose possiamo parlare approssimativamente come di punti materiali (che, nel caso della luce, ecc., chiamiamo 'fotoni') purché non ci mettiamo in testa di usare come *dati* la posizione e la velocità misurati con precisione infinita allo stesso istante. Succede allora che lo stato del mondo, quello di cui parla Wigner, non è perfettamente determinato: c'è un massimo di informazione che possiamo raggiungere e che non basta per predire *esattamente* il futuro. Possiamo soltanto calcolare la probabilità che una certa cosa avvenga, mai esserne sicuri! Il destino non è scritto da nessuna parte: deve formarsi da un momento all'altro. Vi ricordate, nel primo capitolo, parlando della disintegrazione delle sostanze radioattive, avevamo visto che davano un duro colpo alle certezze della meccanica classica? Ecco, non si può prevedere in che istante un atomo radioattivo si disintegrerà; non per ignoranza, ma perché non esiste per ragioni di principio una teoria che risponda a queste domande. La cosa dispiaceva perfino a Einstein; diceva di non poter credere che Dio gioca a dadi...

A quale tipo di leggi stanno lavorando i fisici, in questo momento? Stanno lavorando alle leggi delle forze elementari. Ne abbiamo incontrata una sola, in questo libro: la forza di gravitazione universale. Ma anche la forza tra due cariche elettriche, la forza elettrica o di Coulomb (dal nome di Charles Augustin de Coulomb, fisico francese vissuto tra il 1736 ed il 1806) è una forza di tipo elementare e universale. E le forze magnetiche, che roba sono? Nella seconda metà dell'800, l'inglese James Clerk Maxwell (1831-1879) si accorse che elettricità e magnetismo erano pezzi di un unico tipo di fenomeni: i fenomeni elettromagnetici. Ecco qua, il modo nuovo di dire, *elettromagnetico, elettromagnetismo* è il primo atto di una riunificazione, quella dell'elettricità e del magnetismo. Ormai, ci siamo abituati a questa parola che però, nel secolo scorso, era una grossa novità. È in corso (quasi fatta, già fioccano i premi Nobel, secondo le nostre usanze di corte) una ulteriore unificazione tra l'elettromagnetismo e le forze che entrano in gioco nei processi a cui partecipano i neutrini. Queste forze le chiamiamo ancora con un nome a parte, che ricorda le difficoltà degli esperimenti: forze *deboli*. Sarà difficile allungare ancora il nome in *elettromagneticodeboli*, e bisognerà inventarne uno nuovo; già si usa la semplificazione *elettrodeboli*. Comunque, sembra proprio assodato che le forze elettriche, quelle magnetiche e quelle deboli, siano aspetti diversi di un'unica legge di forza. Questo della unificazione è anche un passo verso la semplificazione, e quindi attira molto i pensieri dei fisici. Fin dove si può arrivare a unificare? Si troverà modo di stabilire una relazione tra le forze gravitazionali e le forze elettrodeboli? E le altre forze elementari, quelle dette forti o nucleari, che tengono insieme i nuclei degli atomi e sono responsabili della disponibilità di energia nucleare? Non sappiamo ancora se saranno unificabili: ma i ricercatori, intanto, stanno fabbricando il linguaggio dell'unificazione, la matematica necessaria per capire i segni della natura che indicano la strada dell'unificazione.

6. L'ORDINE DELLA COMPLESSITÀ

E veramente succede con la fabbrica dei pensieri proprio come con il telaio del tessitore: dove una pressione del piede basta a mettere in moto migliaia di fili, e la spola passa e ripassa in su e in giú, e i fili scorrono invisibili, e un colpo solo genera mille collegamenti. A questo punto entra il filosofo. E vi dimostra subito che cosí doveva essere. Da poi che cosí erano il primo e il secondo, cosí dovevano essere anche il terzo e il quarto; e se non fossero stati il primo e il secondo, neppure il terzo e il quarto sarebbero stati mai. Questo celebrano gli scolari di tutti i paesi; per quanto tessitore nessuno ancora sia diventato. (Goethe, Faust, Studio II)

Il biologo francese François Jacob è anche un divulgatore brillante. Ha pubblicato un libriccino che si intitola *Evoluzione e bricolage*, in cui racconta i fatti del mondo biologico come se questo fosse un deposito di rigattiere pieno di roba sfusa. Leggiamo un lungo brano di questo libro, perché Jacob dice cose importanti in un modo esemplare.

«Nonostante tutte le generalizzazioni, esistono ancora grandi lacune che rischiano di non essere colmate. Ci sono oggi una serie di scienze che differiscono non solo per gli oggetti che studiano ma anche per i concetti e il linguaggio che usano. Si possono mettere in un certo ordine — fisica, chimica, biologia, psicosociologia — che risponde alla complessità crescente degli oggetti studiati. Percorrendo la serie dalla fisica alla sociologia, si va dagli oggetti piú semplici ai piú complessi, ma anche, per ragioni evidenti, dalla scienza piú antica alla piú giovane; dal contenuto empirico piú povero al piú ricco e, infine, dalla trama piú ristretta di ipotesi ed esperienze a quella piú larga. La scienza può allora offrire una visione unitaria del mondo solo se riesce a legare insieme le discipline vicine. Vista la gerarchia degli oggetti, si tratta sempre di spiegare ciò che è piú complesso con i termini e i concetti usati per ciò che è piú semplice. È il vecchio problema della riduzione, dell'imprevisto, del tutto e delle sue parti, ecc. È possibile ridurre la chimica alla fisica, la biologia alla chimica piú la fisica, ecc.? La comprensione di ciò che è semplice è sicuramente necessaria per comprendere ciò che è complesso, ma è sufficiente?

«Questo tipo di domande ha sollevato dibattiti interminabili. Con ogni evidenza, i due avvenimenti maggiori dell'evoluzione — la comparsa della vita dapprima, quella del pensiero e del linguaggio piú tardi — hanno dato alla luce fenomeni che prima sulla terra non esistevano. Per descrivere e interpretare questi nuovi fenomeni sono necessari nuovi concetti privi di significato per il livello inferiore. Che cosa potrebbero rappresentare per la fisica e la chimica le nozioni di sessualità, di predatore o di dolore? O ancora, per la biologia, le idee di giustizia, di plusvalore o di democrazia?

Al limite il riduzionismo totale conduce all'assurdo. Perché, dalla pretesa di ridurre completamente ogni livello al livello inferiore si arriva a voler spiegare la democrazia con le proprietà delle particelle elementari, cosa che non ha senso.

«Si può anche invertire il problema e percorrere la serie degli oggetti andando dal semplice al complesso. Le molecole sono composte di atomi, e quindi obbediscono alle leggi che regolano il comportamento degli atomi. Ma oltre a queste si possono indicare altre due particolarità che riguardano le molecole. In primo luogo spesso esse presentano proprietà nuove quali l'isomerizzazione, la racemizzazione, ecc. In secondo luogo, gli oggetti studiati dai chimici, cioè le molecole trovate in natura e prodotte in laboratorio rappresentano solo una piccola parte di tutte le possibili interazioni tra gli atomi. La chimica costituisce dunque un caso particolare della fisica. E questo è ancor più vero per la biologia che si occupa di oggetti sempre più complessi, che vanno dalle cellule, alle popolazioni, agli ecosistemi.

«Gli oggetti che esistono a un dato livello formano solo un campionario limitato tra tutti quelli possibili offerti dal livello inferiore. Per esempio, l'insieme delle molecole che costituiscono gli esseri viventi rappresentano una scelta assai ristretta tra gli oggetti della chimica. Al livello successivo il numero delle specie animali viventi raggiunge qualche milione, molto poco rispetto a quello che potrebbe esistere. Tutti i vertebrati sono composti da un numero limitato, duecento al massimo, di tipi cellulari, muscolari, nervosi, cartilaginosi, ecc. Nonostante la loro grande diversità, i vertebrati differiscono tra loro solo per il numero totale delle cellule e per la ripartizione e le proporzioni relative di questi duecento tipi. Allo stesso modo le società umane studiate da etnologi e sociologi rappresentano solo una piccola parte di ciò che è possibile in fatto di interazioni umane».

In queste parole di Jacob si affaccia la complessità, che è una bestia difficile da trattare. Non perché ci siano difficoltà del tipo di quelle che abbiamo incontrato nei capitoli precedenti, ma perché gli oggetti complessi ci costringono a tenere conto simultaneamente di tutte le loro parti e di tutti i loro comportamenti. Come diavolo saranno fatte le leggi e il linguaggio dei sistemi complessi?

Un passo importante verso la complessità e il suo studio scientifico è fatto dalla termodinamica, una scienza che nasce all'inizio dell'800 e si sviluppa in parallelo con l'industrializzazione. La termodinamica dovrebbe essere lo specchio della nostra mentalità industriale, la scienza che capiamo meglio grazie alla nostra avidità di risorse e di prodotti. Invece c'è qualche intoppo, direi di natura psicologica. La termodinamica la si può concepire come una estensione della meccanica, ottenuta considerando anche gli effetti di riscaldamento, le variazioni di temperatura. Pensate al caso di una molla elastica: essa reagisce in modo diverso a seconda che sia molto calda o fredda. Addirittura, se esageriamo a scaldare il metallo della molla può fondere e allora addio elasticità!

La prima cosa che si riconosce, in termodinamica, è che calore ed energia meccanica (o elettrica, o luminosa) sono solo forme diverse di una stessa grandezza: l'energia, appunto. Non vi metterò subito in difficoltà dicendo che anche la massa *equivale* a energia, secondo la celebre formula della relatività di Einstein che tutti ripetono piú o meno a proposito: $E = mc^2$. Questa formula vuol dire che una massa m equivale a una energia E pari al prodotto di m per il quadrato della velocità della luce c. Ci sono processi ormai ben noti in cui, per esempio, scompare una massa e compare energia elettromagnetica. In quantità equivalente: non abbiamo già detto che l'energia si conserva, «in tutte le teorie possibili»? I princípi di invarianza sono sempre in buona posizione. Su queste cose, troverete grandi notizie in altri libri di base, già usciti[3]. Ma la trasformazione di calore in energia meccanica avviene con modalità non del tutto ovvie. Ci sono limiti molto seccanti, in questa operazione. Per dirla in parole poverissime, la cosa sta cosí: se tutti i corpi esistenti fossero caldi, ma alla stessa temperatura, ci sarebbe tanta energia in giro per il mondo, ma non sapremmo che cosa farcene. Per fare funzionare una macchina ci vuole almeno un corpo caldo e un corpo freddo tra cui scambiare calore. Un *solo* corpo, per quanto caldo sia, non può mettere in moto alcun meccanismo. Questa cosa fa una grande rabbia a molti, che non ci si rassegnano... E anche la didattica ne risente. Perché la termodinamica si basa su due princípi piú elementari (poi ce n'è anche un terzo, ma non è il caso di occuparsene ora). Il primo di tali princípi è una generalizzazione della superlegge di conservazione dell'energia, a tutte le forme che l'energia può avere. Il secondo, invece, si occupa di quei limiti molto seccanti di cui parlavo prima; e introduce un concetto, quello di 'entropia', di cui si fa un gran parlare solennemente e sciacquandosi la bocca perché resta difficile. Ecco, tutte le volte che si distrugge un salto di temperatura tra due corpi senza produrre lavoro utile si produce, invece, en-

3. Oltre al già citato volume di V. Silvestrini, vedi *Che cos'è l'energia* di Franco Selleri, «Libri di base» 34, Roma, Editori Riuniti, 1982.

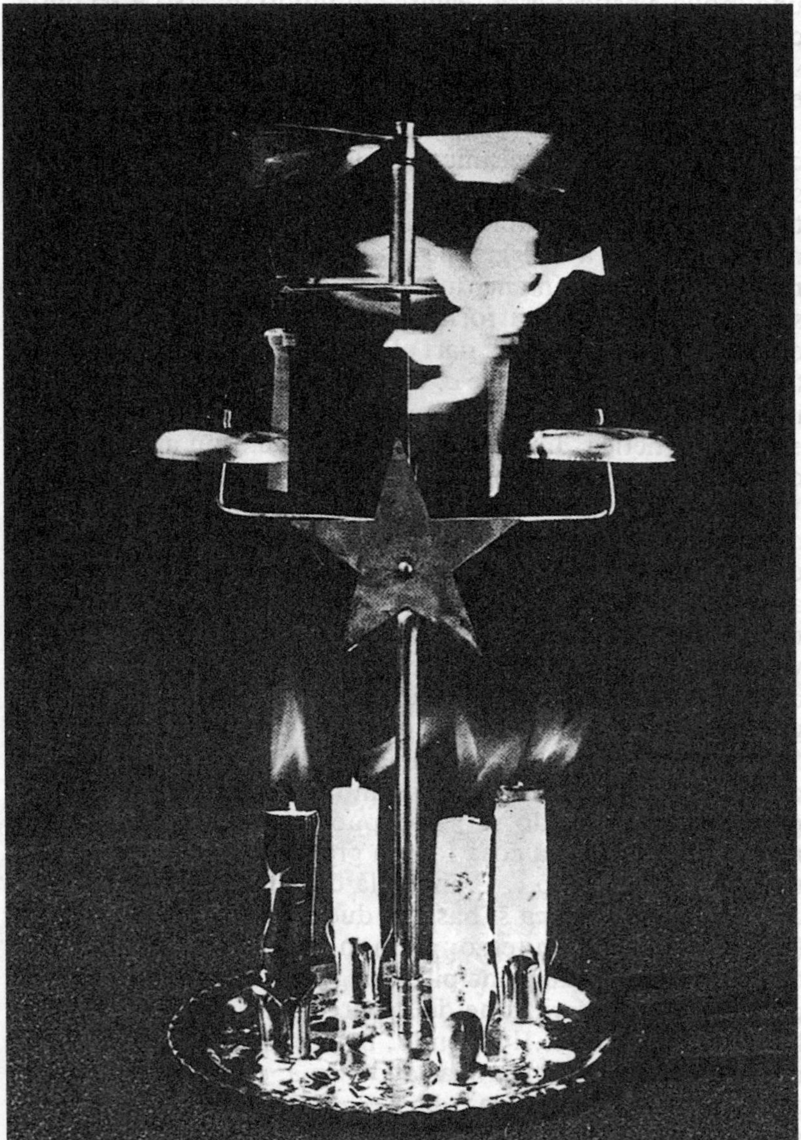

Un motore termico molto semplice è una girandola messa in moto dal calore prodotto dalle candele.

tropia, una grandezza concepita in modo da misurare lo spreco, il peggioramento di qualità delle risorse di cui disponiamo. Quando uso l'acqua calda di una caldaia per mandare avanti un meccanismo, una macchina a vapore, posso ricavarne energia meccanica, lavoro. Con questo lavoro posso sollevare dei pesi e immagazzinare energia per quando ne avrò bisogno, magari per riscaldare di nuovo dell'acqua. Ma quando uso la stessa acqua calda per farmi il bagno o per mandarla nei termosifoni della casa, il calore si perde nell'ambiente, non lo recupererò piú. In questo secondo caso ho prodotto il massimo dell'entropia che potevo produrre. Nel primo, piú saggiamente, ho recuperato energia in forma pregiata (l'energia meccanica) e l'entropia è cresciuta molto meno. Il concetto quantitativo di entropia non è contenuto esplicitamente nelle formulazioni del secondo principio della termodinamica; anzi, questo secondo principio è formulato in molti modi, ma sempre a parole. E sembra, è il caso di dirlo, la scoperta dell'acqua calda. Per esempio, l'enunciato di Rudolf Julius Emanuel Clausius (1822-1888) è il seguente: «Il calore non si trasferisce spontaneamente, cioè senza l'intervento di un agente esterno che esegua del lavoro, da un corpo freddo a uno piú caldo». Pertanto, è inutile che aspettiamo che quella crema che sta sulla nostra tavola diventi spontaneamente un gelato. Né il vostro caffè, che è freddo nella caffettiera, diventerà caldo da solo: dovrete andarlo a mettere su un fornello acceso. A proposito, bisognerebbe inventare un contatore di entropia e farla pagare al posto dell'energia che si usa: sarebbe molto piú significativa. Ma la gente capisce bene, o crede di capire, la parola *energia* e non la parola *entropia*.

Dell'esistenza di una «psicologia della termodinamica» mi sono accorto anni fa, leggendo un celebre trattato di Gilbert Newton Lewis e Merle Randall (*Thermodynamics and the free energy of chemical substances*, 1923). All'inizio del capitolo X è scritto cosí:

«La prima legge della termodinamica, o legge della conservazione dell'energia, fu universalmente accettata quasi nello stesso momento in cui fu formulata; e non perché l'evidenza sperimentale in suo favore fosse a quel tempo schiacciante, ma piuttosto perché sembrava ragionevole e in accordo con l'intuizione umana. Il concetto di permanenza delle cose è uno di quelli che tutti possiedono. È stato anche esteso dal mondo materiale al mondo spirituale. L'idea che, anche se gli oggetti sono distrutti, la loro sostanza è in qualche modo conservata, ci è stata trasmessa dagli antichi e, nella scienza moderna, l'utilità di un tale modo di pensare è stata apprezzata in pieno. Il riconoscimento della conservazione del carbonio ci permette di seguire, almeno idealmente, la sorte di questo elemento allorché il carbone è bruciato e l'ossido di carbonio prodotto è assorbito dalle piante, cosicché il carbonio passa attraverso una serie interminabile di trasformazioni complesse. La seconda legge della termodinamica, conosciuta anche come legge della dissipazione o degradazione dell'energia, o come legge dell'aumento dell'entropia, fu individuata quasi contemporaneamente alla prima legge, con i lavori fondamentali di Carnot, di Clausius e di lord Kelvin. Ma ebbe un destino diverso, perché non si adattava in alcun modo riconoscibile al pensiero e ai pregiudizi preesistenti. Le varie leggi di conservazione erano state adombrate molto prima di essere accettate nel corpo del pensiero scientifico. La seconda legge venne come una cosa nuova, estranea al pensiero tradizionale, con implicazioni di lunga portata persino nel campo della cosmologia. Siccome la seconda legge sembrava estranea all'intuizione, e perfino ripugnante alla filosofia di quel tempo, si fecero molti tentativi per trovare eccezioni a essa, e perciò per confutarne la validità».

Interrompo il brano, il senso mi sembra già abbastanza chiaro. È ancora attuale? Direi di sí. Non tanto perché nella scienza di oggi vi siano dubbi sul secondo principio e sul suo significato, quanto perché ve ne sono nel pensiero comune. Certi pregiudizi e certi modi di filosofeggiare sono persistenti e la didattica corrente, evidentemente, non può molto contro di essi.

Vorrei ora collegare questa osservazione di Lewis e Randall con un altro fenomeno che, secondo me, ha alcuni aspetti un po' ridicoli. Molti di noi si sono sentiti socialmente e politicamente coinvolti, diciamo dall'ottobre del 1973, dal problema delle risorse energetiche. Come insegnanti, abbiamo spinto il piede sul pedale dell'energia, pensando che il concetto meritasse la ribalta. Dico «ribalta» non a caso, ma perché, come per il teatro, abbiamo scelto di dare un opportuno nome d'arte alla vecchia termodinamica trasformandola in energia. Abbiamo scoperto l'energia, cosí come si scopre un talento artistico perché incontra il favore del pubblico. «Professore, che cosa ci può dire sull'energia?», è una domanda plausibile, di attualità; «che cosa ci può dire sulla termodinamica?» sarebbe ben piú pedante.

Ci siamo accorti, in questa circostanza, di avere mancato uno degli obiettivi principali che la cultura dovrebbe raggiungere? Che è poi quello di fornire le chiavi di lettura di avvenimenti particolari, senza bisogno di ammiccamenti e imbellettature? No, non ce ne siamo accorti: molti di noi hanno approfittato dell'occasione, certamente drammatica e, se cosí si può dire, didatticamente favorevole per mostrarsi moderni e impegnati, attenti e flessibili, senza perdere nemmeno un minuto a riesaminare la vecchiaia complessiva delle conoscenze tradizionali . Dunque, la termodinamica era una lingua morta!

Questo signore sta assorbendo ordine dall'ambiente. Ruba entropia negativa a tanti buoni piatti.

La vecchia e gloriosa termodinamica soffre, nella didattica, di alcuni mali cronici indotti che è bene riconoscere. Si insegnano certi eccessi di termologia, popolati di fluidi fumanti e di termometri, che, al confronto con l'astrazione meccanica, sempre infinitamente precisa e levigata, conferiscono a questo settore della fisica un dimesso aspetto culinario, incoraggiato dalla vocazione artigianale dei chimici che, di termodinamica, ne consumano molta. E inoltre: che scienza è mai questa, se i suoi princípi si enunciano a parole e da queste parole è cosí difficile cavare formule rassicuranti, roba da dimostrare e manipolare come ci hanno insegnato i matematici? È mai possibile che un rendimento ideale, una variazione di entropia, un ragionamento di Kelvin abbiano a che fare con il motore che vediamo alzando il cofano della nostra automobile?

Ebbene, proprio in questa diversità, resa sciattamente dai libri di testo e trasmessa, spesso, con cosí poca convinzione e garbo dagli insegnanti, sta invece uno dei punti piú alti della logica della fisica. Il modo di ragionare che si usa nel buon insegnamento della termodinamica potrebbe essere accessibile a tutti, proprio grazie alla modesta formalizzazione delle idee di base: e invece, no, sembra essere il modo piú ostico, meno congeniale a studenti, generici curiosi e persino docenti. Guardate che se queste valutazioni sono giuste, c'è da vincere un blocco psicologico piuttosto che da studiare di piú. Mi si dirà: ma con il nome d'arte *energia* che abbiamo dato a buona parte di queste questioni abbiamo proprio voluto rompere, con l'aiuto di suggestioni esterne, questo blocco psicologico. Che male c'è? Il male è presto detto: ritorniamo a Lewis e Randall, rileggiamoli; e scopriremo che se insistiamo sulla parola energia finiremo con il lavorare solo sul primo principio. Il contatto, con il pubblico, con i lettori, si perderà non appena sarà di nuovo pronunciato il terribile nome entropia. Qualcuno chiederà, non molto spiritosamente, se l'entropia è una cosa che si mangia. Saremo forse capaci di rispondere che l'entropia negativa sí, si mangia, come diceva il fisico Erwin Schroedinger (1887-1961) nel suo libro *Che cos'è la vita*? Diceva:

«Il meccanismo per cui un organismo si mantiene stazionario a un livello molto elevato di ordine consiste realmente nell'assorbire continuamente ordine dall'ambiente. Questa conclusione è meno paradossale di quanto sembri a prima vista. Piuttosto, potrebbe essere considerata banale. Infatti, nel caso degli animali superiori, conosciamo abbastanza bene la specie di ordine di cui essi si nutrono, cioè lo stato estremamente ben ordinato della materia nei composti organici piú o meno complicati che servono loro di cibo. Dopo averli utilizzati, essi li restituiscono in una forma molto degradata; non interamente degradata, tuttavia, poiché le piante possono ancora farne uso. Queste ultime, ben si sa, hanno la loro piú importante sorgente di entropia negativa nella luce solare [...]».

Dunque, siamo seri, riconsideriamo attentamente tutte le pecche della presentazione tradizionale della termodinamica senza sostituirla con una sua controfigura gradita ai giornalisti e ai ministri dell'industria di passaggio. Nessuno capirà mai veramente la politica del risparmio o il problema dell'inquinamento termico o la necessità di fare macchine a elevata efficienza se si limiterà agli aspetti morali di queste questioni. Se si vuole sopravvivere senza essere costretti ad adottare il solo provvedimento di stringere la cinghia bisogna essere piú sapienti, molto piú sapienti. In termodinamica.

Non sarà male rispolverare vecchie cose che, paradossalmente, fanno ridere senza essere capite. Per esempio, i moti perpetui. Già c'è molta gente che fa fatica a capire l'impossibilità di un moto perpetuo di prima specie, cioè di motori ciclici che fanno lavoro senza consumare un qualche combustibile. Le richieste di brevetto fioccano tuttora, a testimonianza della miseria culturale umana, nonostante i moniti che gli scienziati davano ancor prima di avere tradotto in principio operativo (di conservazione dell'energia in tutte le sue forme) questa impossibilità. L'Accademia delle Scienze di Parigi adottò nel 1775 questa risoluzione:

«L'Accademia ha approvato quest'anno la decisione di non esaminare alcuna soluzione sui seguenti argomenti: la duplicazione del cubo, la trisezione dell'angolo, la quadratura del cerchio o alcuna macchina per dimostrare il moto perpetuo [...]. La costruzione di una macchina del moto perpetuo è assolutamente impossibile [...]».

L'Accademia aggiunse, anche, come preoccupazione encomiabile:

«L'inconveniente di queste ricerche è di essere enormemente dispendiose, tanto che esse hanno rovinato piú di una famiglia; spesso la meccanica, che avrebbe potuto rendere tanti servigi al pubblico, ne ha sperperato i mezzi, il tempo e la genialità».

Che dire poi del moto perpetuo di seconda specie, della cui impossibilità ci si rende conto solo attraverso il secondo principio della termodinamica? Come fare a spiegare a chi è digiuno di buona termodinamica che non è possibile recuperare l'energia dispersa negli attriti sotto forma di calore per mantenere, per esempio, il moto di una nave che, una volta ricevuta una spinta a Napoli, raggiunga Barcellona senza bisogno di combustibile?

C'è molto lavoro da fare per rendere efficace il modo di ragionare che è tipico della termodinamica. Questo modo è psicologicamente sgradevole perché limita le possibilità assurde di cui sono popolati i nostri sogni, castiga le velleità e i desideri. Ci sembra che metta in pericolo una qualche nostra libertà o diritto, che sarebbero violati dalla natura. La natu-

Il contatore di entropia

Tanto per dare un'idea di come si può misurare, cioè valutare quantitativamente questa famosa entropia, vi parlo di un caso semplice. È illustrato su quasi tutti i libri di termodinamica e lo riprendo qui con le parole del trattato di Allen e Maxwell: «Costruiamo una scatola divisa in due scomparti che sono in comunicazione tra loro, e mettiamo un certo numero di palle rosse in uno scomparto, e un certo numero di palle nere nell'altro. Questo rappresenta uno stato ordinato delle palle. Agitando la scatola per un po' di tempo, le palle rosse passeranno dal primo al secondo scompartimento, le palle nere dal secondo al primo. Otterremo uno stato disordinato che corrisponde a quella che si può chiamare una distribuzione caotica. Sarebbe molto difficile, se non impossibile, invertire il processo e riportare le palle nello stato ordinato semplicemente agitando la scatola (se le palle sono in numero molto grande). Anche se potessimo vedere e toccare le singole palle, sarebbe lungo e noioso rimetterle a posto. Se poi la scatola è chiusa, riteniamo senz'altro trascurabile la probabilità che, aprendola dopo averla agitata, le palle rosse stiano tutte da una parte e quelle nere dall'altra. Gli stati disordinati sono molto più probabili di quelli ordinati».

Ecco: l'entropia è una grandezza che dà una misura della probabilità degli stati. Grande probabilità, grande entropia; piccola probabilità, piccola entropia. Il fatto è che, come nel caso della scatola con le palle rosse e nere, di stati ordinati ce n'è uno solo; di stati disordinati ce ne sono tanti equivalenti. E l'entropia misura il numero di modi in cui si può ottenere un certo tipo di stato.

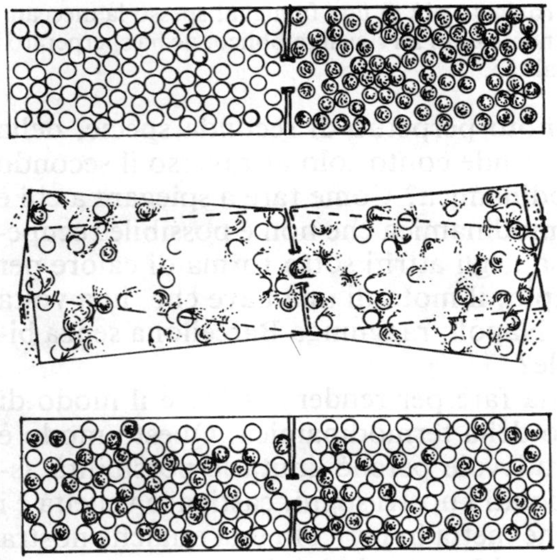

Agitando la scatola in alto l'ordine scompare: le palline si ridistribuiranno a caso. Agitando la scatola in basso, è molto improbabile che le palline ritornino in ordine.

Gli atomi si sono raggruppati in una parte della stanza...

ra ci appare come un dittatore inviso, una sorgente di imposizioni, un freno alla nostra avidità di risorse.

In ogni caso, un punto di partenza ben saldo per lo studio della complessità è senza dubbio la termodinamica moderna. Soprattutto la sua versione piú sofisticata, in cui si tiene conto del fatto che i corpi sono costituiti di atomi, di un numero enorme di atomi: ci sono piú atomi in un centimetro cubico di acqua o di ferro che granelli in un chilometro cubico di sabbia! Questa versione sofisticata si chiama meccanica statistica e combina le idee della meccanica (ormai quantistica, ovviamente) con le idee del calcolo delle probabilità, cioè della statistica. Inutile seguire le traiettorie dei singoli atomi, come si fa con i pochi pianeti del sistema solare: nemmeno il piú grosso calcolatore ce la farebbe a occuparsi in questo modo della sorte di un centimetro cubo di profumo liberato in una stanza. Occupiamoci, perciò, soltanto di proprietà all'ingrosso, come la temperatura, la pressione, il volume, il flusso, la magnetizzazione. Senza preoccuparci minimamente del ruolo che avrà ciascun atomo. Sapete, allora, qual è lo stato piú semplice in cui può trovarsi la sostanza che stiamo studiando? È quello piú caotico, in cui ciascun atomo può essere con la stessa probabilità in un punto qualunque del sistema con una qualsiasi delle velocità possibili. Il caos è semplicissimo! Gli atomi che si trovano in un recipiente e lo riempiono sotto forma di gas saranno distribuiti caoticamente dappertutto: il caos è molto probabile perché si può realizzare in un enorme numero di modi tutti equivalenti. Avete mai sentito dire che l'aria presente in una stanza si è ritirata, anche solo per un attimo, in metà della stanza, mentre nell'altra metà c'è il vuoto? Andiamo, questo non succede! Eppure, pensateci un momento: questo la meccanica non lo impedisce affatto, cioè non è impossibile! È solo estremamente improbabile. Però, se l'aria andasse a rifugiarsi spontaneamente in metà stanza, potremmo cogliere quell'attimo un po' meno caotico, tirare su una parete divisoria tra la parte piena e la parte vuota, fabbricarci cosí dell'aria compressa da adoperare poi per qualche marchingegno utile. Vedete, lo stato, meno caotico, del gas tutto raggruppato in una parte del volume disponibile (la stanza), possiede meno entropia del gas distribuito dappertutto: e ne può produrre ritornando a riempire la stanza. Una volta che l'abbia riempita, non è piú utile a niente, non può piú produrre spontaneamente entropia. Il caos è lo stato di massima entropia.

Un essere vivente è uno stato molto ordinato della materia. Come ha raccontato Schroedinger, si mantiene in condizione di produrre entropia rubando ordine all'ambiente: carne, frutta, verdura, pasta, pesce, tutta roba molto ordinata che i viventi distruggono a quintali a testa all'anno, che tuttavia non scarseggia ancora. La domanda è: se la qualità delle cose ha questa tendenza a peggiorare, ad andare verso il caos, ci avviamo verso una morte universale? Oppure, l'energia utile disponibile è ancora tanta che potremo manipolarla ancora per molto tempo senza preoccuparci della sua degradazione? Mi fermo a questa domanda, perché non so rispondere con princípi di cui mi fido, ben dimostrabili. A ogni buon conto, badiamo all'ordine della complessità, perché è la nostra sola ricchezza materiale.

POST SCRIPTUM: LE PAROLE

Mihi a docto doctore domandatur
causam et rationem quare opium facit
dormire: quia est in eo virtus dormitiva
cuius est natura sensus assopire.
(Molière, Il malato immaginario)

Mi sono permesso una citazione in latino, sia pure maccheronico: il malato immaginario Argan diventa medico, anche di se stesso, e risponde in quel modo al suo esaminatore che gli aveva chiesto, sempre in latino (si fa per dire), perché l'oppio fa dormire. Argan tira fuori la «virtú dormitiva», che l'oppio possiede, la cui proprietà è quella di far assopire i sensi. Magnifico! Con qualche paroletta tranquillizzante, come «virtú dormitiva», ci mettiamo in regola. Potremmo dire che le fabbriche di sonniferi producono virtú dormitiva, e fissarne il prezzo: ma come si misurerà? In litri, in grammi? Vattelappesca.

Il fatto è che le parole, nella scienza, non possono mai avere valore provvisorio, in attesa di significati che verranno. Devono significare subito qualcosa, altrimenti non ci può essere scambio di idee. Purtroppo, succede che la gente si impadronisce delle parole scientifiche senza sapere come si usano, ricevendole dalle fonti piú disparate, dai dentifrici e dai detersivi, dalle macchine fotografiche e dagli strumenti musicali, dalle conserve di pomodori e dalle lozioni antiforfora. Secondo la pubblicità contemporanea, tutto è bio-energ-liofil-fluor-elettronic-digital-ecceterante. Pazienza, tutti hanno diritto di giocare. Gli scienziati, comunque, quando giocano invece di lavorare si squalificano.

Nel corso del libro abbiamo visto che cosa significano tre parole importanti: legge, principio e superlegge. Vorrei aggiungere qualche commento su altre tre parole di uso frequente: assioma, teorema e teoria.

Assioma. È una parola importante, che non si usa spesso nelle esposizioni elementari. Secondo Aristotele, tutte le scienze deduttive non possono che partire da princípi che non si sanno dimostrare: la deduzione di risultati si fa, appunto, partendo da quei princípi. Però, ci sono princípi che interessano una particolare scienza e princípi che stanno alla base di *tutte* le scienze. Questi ultimi si chiamano 'assiomi'. La fisica *non* è una scienza deduttiva, e i suoi princípi possono sempre essere messi in crisi mediante esperimenti. La parola assioma però può capitare nel discorso e richiedere qualche precisazione. Inoltre, c'è sempre qualcuno che tenta di costruire una fisica assiomatica manifestando una cieca fiducia nel pensiero matematico. Ma questo, che può essere tecnicamente interessante, non ha nulla a che vedere con la fisica in senso stretto. Qualcun altro dice che Einstein, nei suoi ragionamenti, partiva da assiomi, da nozioni comuni che però non sono dettate che in senso molto vago dall'esperienza. È vero, ma i risultati ottenuti da Einstein sono entrati definitivamente a far parte della fisica soltanto dopo aver avuto una verifica sperimentale. Egli aveva dunque naso o fiuto, come si suol dire, ma questo naso non va confuso con una vera scelta di assiomi. Del resto, l'incidente culturale di cui abbiamo parlato a proposito della fisica dei neutrini mostra chiaramente che la «simmetria del mondo rispetto all'operazione di inversione», assunta come assioma sino al 1956, non è che approssimativamente vera. E un assioma non può essere approssimato, ci mancherebbe! Un altro nome, praticamente equivalente ad assioma, è 'postulato', da usare sempre per i princípi comuni indimostrabili delle scienze deduttive. Naturalmente, i matematici, che non devono rendere conto a nessuna realtà di quello che fanno, possono scegliere assiomi come meglio credono: se esagerano in bizzarría o astrusità, al piú non troveranno amici.

Teorema. Questo termine è usato comunemente in matematica per indicare una proposizione che può essere dimostrata a partire dai princípi. Anche in fisica ha lo stesso uso. Per esempio, abbiamo parlato nel libro del teorema di Emmy Noether, che dimostra il legame tra i princípi di invarianza e le superleggi o leggi di conservazione. Nella meccanica di Newton, la conservazione dell'energia era un teorema, che si poteva ricavare ovvero dimostrare a partire dai princípi di Newton. Poi è successo che il teorema è sopravvissuto ai princípi di Newton, diventando una superlegge: si potrebbe dire che le superleggi sono i teoremi comuni a tutte le teorie, cioè i teoremi che non muoiono cambiando teoria. Una cosa che mi ha sempre impressionato è che tutti conoscono la parola teorema, ma pochissimi hanno provato a fabbricarne uno, sia pure semplicissimo. Si insiste tanto perché la gente impari i teoremi fatti dai matematici, ma non si offre mai uno spunto per fabbricarne. Perciò, se provate a chiedere in giro che cosa è un teorema, resterete delusi: la scuola non ha coltivato questa pianta.

Teoria. Se mettiamo insieme tutti i princípi e i teoremi relativi a un particolare settore, per esempio la gravitazione o l'elettromagnetismo, essi costituiscono una teoria. Scientifica, ben inteso. Ma la parola viene usata in modi molto piú imprecisi. Per esempio, contrapponendola a *pratica*, come si fa nel discorso comune: «In teoria sarei capace di andare da Roma a Milano a piedi, in pratica me ne guardo bene». Oppure, e questo è grave, per dare un'etichetta seria ad affermazioni indimostrabili. La teoria politica fa spesso abuso di questo cattivo impiego. Ma c'è anche una via di mezzo, che viene talvolta usata da persone che svolgono attività scientifica e che hanno fretta di affermarsi: quella di chiamare teoria un insieme di congetture, cioè di ipotesi che sembrano plausibili ma non hanno né un buon fondamento sperimentale né una strepitosa motivazione logica. In biologia e in psicologia questo càpita spesso; e non ci sarebbe niente di male se poi i seguaci delle diverse teorie non le prendessero alla lettera finendo con il fare a botte per decenni. Teorie di questa natura possono avere conseguenze tragiche: portare al razzismo o a conflitti religiosi. Bisogna proprio decidersi a riservare il nome di teorie a quelle basate su veri princípi, che già possono essere pericolose per conto loro, come tutti gli usi delle conoscenze che finiscono in cattive mani, inventando un altro nome per le teorie basate su congetture. A me la parola adatta per queste ultime sembra speculazioni, che ha un provvidenziale doppio senso da cui ogni persona per bene desidera liberarsi al piú presto. In ogni caso, dalle teorie accettabili devono essere scacciate tutte le espressioni di cui non è precisato l'uso, il significato operativo. Come, per esempio, *virtus dormitiva*: di cui, forse, è pieno questo libro. Del che mi scuso vivamente.

INDICE DEGLI ARGOMENTI

INDICE DEI NOMI

ALTRE LETTURE

Siccome questo libro non è un libro di fisica sistematico, ma solo un tentativo di illustrare qualitativamente che cosa si intende per «leggi della fisica», converrà fare riferimento a qualche testo sistematico elementare. In ordine di difficoltà crescente, suggerisco: A. Einstein, L. Infeld, *L'evoluzione della fisica*, Torino, Einaudi, 1980; *Enciclopedia Ulisse*, vol. VII, Roma, Editori Riuniti, 1980; C. Bernardini, S. Tamburini, *Lezioni di fisica* (in due volumi), Roma, Editori Riuniti, 1982.

Per il capitolo II, può essere molto utile il riferimento a un libretto di facile lettura: A. Reale, A. Scafati, *Copernico e la rivoluzione dei cieli*, Roma, Cremonese, 1976. Anche, per i capitoli II e III può essere utile: M. Rigutti, *Cento miliardi di stelle*, Firenze, Giunti Martello, 1978. Nonché il volume VIII dell'*Enciclopedia Ulisse* già citata. Per il capitolo IV non saprei dare indicazioni; anche il materiale divulgativo pubblicato su riviste è quasi tutto in lingua inglese. Per il capitolo V, un eccellente testo di riferimento è J .M. Jauch, *Sulla realtà dei quanti*, Milano, Adelphi, 1980, un tentativo di rispolverare il dialogo galileiano su argomento contemporaneo a noi. Molto importante, anche: J. Perrin, *Gli atomi*, Roma, Editori Riuniti, 1981. Quanto al capitolo VI, suggerisco di considerare l'antologia di testi originali curata da E. Bellone, *Le leggi della termodinamica* (da Boyle a Boltzmann), Torino, Loescher, 1978; nonché il curioso volume di I. Prigogine, *La nuova alleanza*, Torino, Einaudi 1981, che contiene un grande numero di spunti, talvolta forse troppo suggestivi e discutibili.

Un ultimo suggerimento: per chi avesse tempo e pazienza, un approfondimento di molte delle cose dette verrebbe dalla lettura del libro di G. Toraldo di Francia, *L'indagine del mondo fisico*, Torino, Einaudi, 1976, si tratta di un libro quasi interamente concepito in tono elementare, con qualche passo difficile che si può saltare.

Realizzazione Vagadesign - Roma
Finito di stampare nel settembre 2013
per conto della GEI Gruppo editoriale italiano srl
da CSR - Roma